福井栄一

本草奇説

もの言わぬ植物たちも夢をみる

工作舎

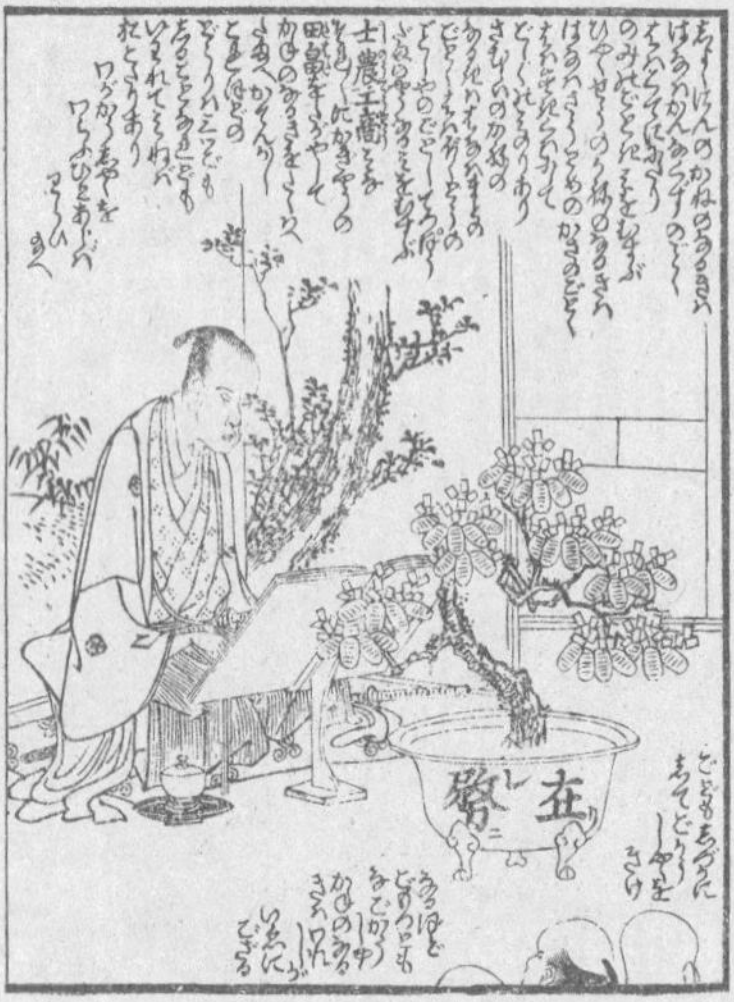

「化物和本草」より
金のなる木

まえがき

山で、森で、林で、野原で、庭で、
たくさんの草や花や木が、
まいにち、ちからいっぱい、生きています。
私たちをなぐさめ、はげまし、たのしませてくれる
植物たちのおはなしをたくさん集めてみました。
自然のことを、もっともっと知ってください。
関心をもってください。
それがこの本の願いです。

上方文化評論家　福井栄一

目次

まえがき 003

草《そう》蔓《まん》の章

ち・ちがや——茅 010
運命の分かれた兄弟のはなし

はぎ——萩 012
喰われた萩のはなし

きく——菊 015
逃げた定家のはなし

しおん——紫苑・ 017
父を亡くした兄弟のはなし

いばら——茨 020
悲しむ茨のはなし

かずら——葛 022
穴に閉じこめられた男のはなし

ふじ——藤 026
藤のこぶのはなし

たけ——竹 030
竹取の翁のはなし

菜穀の章

なぎ—水葱 038
大食漢の聖のはなし
あさ—麻 042
虎退治のはなし
むぎ—麦 045
頭をかかえる師匠のはなし
いね—稲 047
絵のなかの馬のはなし
あわ—粟 050
粟が欲しい男のはなし
だいず—大豆 054
大豆の賭けのはなし
ひる—蒜 057
蒜で打たれた鹿のはなし
いも—芋 059
芋粥好きの男のはなし
うり—瓜 064
瓜を惜しんだ男たちのはなし
ひさご—瓢 068
恩を報じた雀のはなし
はす—蓮 072
池に生じた蓮のはなし
ひらたけ—平茸 076
挨拶をして去った法師たちのはなし

果樹の章

うめ――梅　082
紅梅を愛した娘のはなし

もも――桃　086
鬼に追いかけられた神さまのはなし

くり――栗　090
栗を煮る僧のはなし

なし――梨　094
悲鳴をあげる橋のはなし

かき――柿　096
臆病な法師のはなし

こうじ――柑子　100
機転をきかせた雅定のはなし

たちばな――橘　101
愛された橘の木のはなし

ゆず――柚　103
切られた柚のはなし

さくら――桜　107
奈良の都の八重桜のはなし

香木の章

ひのき—檜　114
二股の檜のはなし

まつ—松　118
官位を得た松のはなし

すぎ—杉　122
杉の梢で叫ぶ聖のはなし

かつら—桂　126
なにごとも見のがさない僧のはなし

したん—紫檀　129
法華経の箱のはなし

びゃくだん—白檀　131
口に芳香を得た男のはなし

くす—楠　134
生きのびた仏像のはなし

喬木の章

えのき――榎 142
赤い衣を射た男のはなし

うるし――漆 144
老母の智慧のはなし

おうち――楝 147
大きな大きな楝の樹のはなし

えんじゅ――槐 148
前世を記憶している男のはなし

むく――椋 152
空を飛ぶ琵琶のはなし

出典一覧 171

あとがき 173

つき――槻 156
槻に登った尼のはなし

やなぎ――柳 157
引っ越した鳥のはなし

くわ――桑 160
蚕に救われた女のはなし

こうぞ――楮 166
けなげな猿のはなし

中村惕斎「訓蒙図彙」(1666)より

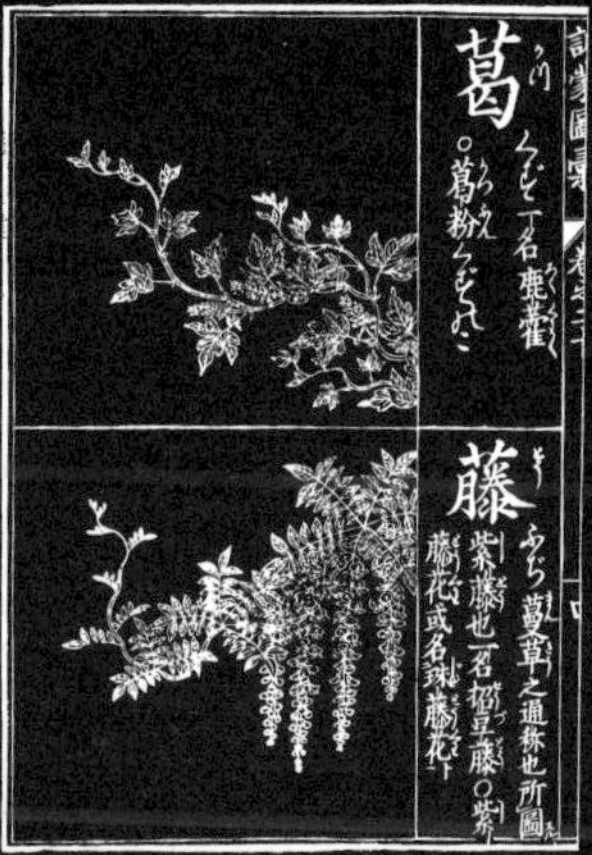

草蔓の章―付「竹」

ち・ちがや――茅

✣短期間で空き地や畑などを埋めつくすくらい繁茂するので、雑草として嫌う人も多いです。ただ、ススキより背が低いので競争に負けてしまい、チガヤの草原は最近では極端に少なくなりました。

✣茎葉は乾かして、屋根を葺《ふ》くのにさかんに用いられました。

✣根茎を陰干しにしたものは「茅根《ぼうこん》」と呼ばれて、漢方では利尿剤として処方されます。

【口上】むかしばなしに出てくる兄弟は、たいていどちらかが金持ちで、どちらかが貧乏です。しかも、金持ちの方は性格が悪く、貧乏な方は思いやりに富んでいるものと、相場が決まっています。「金持ちにだって善人はいるぞ」「意地悪で意地汚い貧乏人だって大勢いるじゃないか」という反論は、聞き届けてもらえないようです。

◎**運命の分かれた兄弟のはなし**――「**備後国風土記**」**逸文**

むかし、北の海に住んでいた武塔神《むとのかみ》が、南の海の神の女のところを訪れました。帰りが遅くなり、あたりが暗くなってしまったので途方に暮れていたところ、ちょうど巨旦将来《こたんしょうらい》という者の家に行き当たったので、一夜の宿を請いました。ところが……。巨旦は大金持ちで、この上もなく立派で広い家に住んでいたにもかかわらず、武塔神の願いを聞き入れず、冷淡に追い払ってしまいました。武塔神はしかたなくそこを離れました。しばらく進むと、蘇民将来《そみんしょうらい》の家がありました。蘇民将来はひどく貧しい暮らしを送っていたのですが、武塔神を快く家へ招き入れ、泊めてあげました。粟柄《あわがら》で編んだ敷物のうえに座ってもらい、粟ご飯を食べさせてあげました。貧しい蘇民将来にとっては、それがせいいっぱいのもてなしでした。

それから、数年後。

武塔神が八人の御子神《みこがみ》を率いて遠征から戻る途中、たまたま蘇民将来の家のそばを通りかかりました。武塔神は、かつて親切にしてもらったことを思い出し、蘇民将来の家へ立ち寄り、訊《たず》ねました。

「私は、あの折の武塔神である。なんじに妻子はあるのか」

蘇民将来が、

「はい、妻と娘がおります」

と答えますと、武塔神いわく、

「むかし世話になった礼に、よいことを教えてやろう。お前たち家族は、茅《ち》で輪を作り、腰のあたりに付けておけ。忘れるなよ」

そこで、武塔神が立ち去った後、蘇民将来はさっそく言われたとおりにしました。その後、一帯は流行《はや》り病《やまい》に見まわれ、蘇民将来一家以外の者たちは死に絶えてしまいました。

武塔神は言いました。

「私の正体は、疫病をつかさどる建速須佐雄《たけはやすさのお》である。今後、また疫病がはやることがあれば、茅の輪を腰に下げ、『蘇民将来の子孫なり』と言明せよ。さすれば、病《やまい》をまぬがれ、命をながらえることが出来るであろう」

はぎ──萩

✣クズ、オバナ（ススキ）、ナデシコ、オミナエシ、フジバカマ、キキョウと並んで、「秋の七草」のひとつです。

✣葉にはタンパク質が豊富に含まれています。それを知ってか、ウマやウサギな

「年中行事大成」より
夏越の祓の茅の輪

どが好んで食べます。

✣「草かんむりに秋」と書く「萩」の字は、日本で作られたいわゆる国字の一種です。

【口上】ある殿さまから「絵に描かれた虎を退治できるか」と意地悪な質問をされた一休さんは、「出来ます」と答えるや、ねじり鉢巻きで縄を持って絵の前に立ち、「さあ、絵から出てきたところを私がこの縄で縛ってつかまえますから、あなたが虎を絵から追い出してください」と言って、相手をやりこめたそうです。

このはなしのなかの馬なら、そんな殿さまや一休さんがいようがいまいが、自分で勝手に……。

◎**喰われた萩のはなし**――「**古今著聞集**」**巻第十一**

むかし、巨勢金岡《こせのかなおか》という絵の名人がいました。

ある時、金岡が宮中の衝立《ついたて》に馬の絵を描いたことがありました。ところが、あまりにもみごとに描かれていたために絵の馬に命が宿り、毎夜、絵から抜け出しては、萩の戸（清涼殿《せいりょうでん》にあった部屋の名前）の萩を食い散らしました。そこで、帝は金岡に命じ、衝立の馬の絵を、放たれているのではなくつながれているように描きあらためさせました。これによって馬は絵のなかから抜け出せなくなり、萩が喰い荒らされることはなくなったそうです。

きく——菊

✣長寿の象徴とされますが、菊自体の寿命は、せいぜい二十年くらいです。

✣園芸品種を含め、菊花にはじつにさまざまな色が知られていますが、青色はないとされます。

✣食用の菊もあります。日本では愛知県や山形県などが主産地です。

【口上】「三十六計逃げるにしかず」という故事成語があります。得意満面で自分の技能をひけらかすより、「能ある鷹は爪を隠す」方式で対応した方がよい場合もあります。自他ともに認める歌人は、晴れ舞台を目の前にして、果たしてどう振る舞ったのでしょうか。はなしを読んで、さっそくたしかめてみましょう。

◎逃げた定家《ていか》のはなし――「古今著聞集」巻第十九

順徳天皇の御代《みよ》。十月のある日のこと。おそばにつかえる藤原定家と菅原為長《ためなが》のふたりが控えの間で歓談していますと、ひとりの女官がしずしずとあらわれ、ふたりへある品をそっと差し出しました。見れば、蒔絵で飾られた硯《すずり》の蓋《ふた》に、菊を下絵にした紙が敷かれ、上には菊花が一輪のせてありました。

女官いわく、

「帝にあらせられては、『両名にこの菊花を見せ、定家には和歌、為長には漢詩を作らせよ』との思し召《おぼ》しにございます」

為長はたちまちのうちに菊を詠んだ漢詩を作り、帝へ献上しました。漢詩の大家である為長は評判通りの実力を発揮して貫録をみせたわけで、じつに素晴らしいことでした。

一方、定家はどうしたかといえば、無言でそそくさと部屋から出て行ってしまったのでした。もちろん、和歌の名手である定家が、作歌につまって逃げたとは考えられません。一文字も詠まずに退出したことには、なにか深いわけがあったのでしょう。それはそれで、奥ゆかしいことであったと思われます。

しおん——紫苑

✣花が美しいので、日本では古くから観賞用として栽培されてきました。

✣根から生薬「紫苑」が作られ、咳止めなどの薬効が知られています。

✣花言葉は、「追憶」「君を忘れない」です。

【口上】だれでも、人生を過ごすなかで、ずっとおぼえておきたいことと忘れてしまいたいことがあるでしょう。ありがたいことに、大自然のなかには、おぼえておくこと、忘れることのそれぞれを手助けしてくれる植物があるそうです。

このはなしを読めば、その植物がなにかも学ぶことができます。

◎**父を亡くした兄弟のはなし**——「今昔物語集」巻第三十一第二十七

むかし、あるところに、父と息子ふたりが仲よく暮らしていました。ところが、しばらくしますと父親が亡くなってしまいました。残された息子たちは深く悲しみ、父のことを片時《かたとき》も忘れたことがありませんでした。父親が恋しくて仕方がないときには、ふたりは父の眠る墓へ行き、まるでそこに生きた父がいるかのように、さまざまに語りかけたのでした。

やがて相当の歳月が流れました。ふたりとも朝廷に仕える身となり、私事をふりかえってい
る余裕がだんだんとなくなってきました。兄は思いました。

「このまま父のことを恋しがり続けても、苦しいだけだ。父は二度と戻らないのだから、私の心が慰められることは、この先もないだろう。聞けば、萱草《かんぞう》という草には、見る者の想いを消し去ってしまう不思議な力があるのだという。もはや、この草に頼るほかない」

そこで、兄は父の墓のそばに萱草を植えたのでした。

さて、そんな事情を知らない弟は、なにかにつけて兄の家へ立ち寄っては、いっしょに父の墓参りをしようと誘いましたが、兄は都合が悪いというばかりで、ちっとも同道してくれませんでした。弟は、そんな兄を見て、

「私たち兄弟は父のことを決して忘れないということだけを心の支えにして、いままでつらい日々を耐えてきたのに、あんまりだ。兄はもはや父のことなど、どうでもよくなってしまったのだ。だが、私は違うぞ。私だけはどんなことがあっても、父への想いを忘れまい」

と、かたく心に決めました。さらに、

「そういえば、紫苑《しおん》という草は別名を『思い草』といって、人の想いが消え去るのを防ぐ力があるらしい」

と心づき、父の墓のほとりに紫苑を植えました。このため、墓参りのたび、かならず紫苑を目にすることになり、父への想いが薄まることはありませんでした。

さて、こうして年月を送っていたある日のこと。弟がいつものように墓を訪れますと、墓のなかから声が聞こえました。

「怖がらずによく聞け。わしは、お前の父親の遺骸を守護する鬼だ。わしはお前たち兄弟の言動を、ずっと見守ってきた。兄は父を忘れるために墓のほとりに萱草を植え、目的を果たした。しかし、お前は紫苑を植えて、こうしてずっと父を慕い続けている。じつに感心なことだ。今後は褒美《ほうび》代わりに、お前のことも守護してやろう。鬼には将来起こることを予知する力があるから、その都度、夢で知らせてやることにしよう」

それからというもの、弟は、その日に起こることを事前に夢で知ることができるようになったそうです。どうやら、嬉しいことのある人は紫苑を、憂いのある人は萱草を植えて常に目にするのがよいようです。

いばら——茨

✣野茨《のいばら》は、枝にトゲがあります。

✣花はよい香りがします。

✣繁殖力が強く、道端などにたちまち生い茂るので、雑草だといって嫌う人も少なくありません。


【口上】植物に感情はあるのでしょうか。

植物も、人間のように嬉しがったり、悲しんだり、痛がったりするのでしょうか。たいていの人は「そんなこと、あるはずないよ」と笑ってすませるでしょうが、大真面目に「いいや、あるかもしれないぞ」と考える人もいます。

あなたはどう思いますか。

◎悲しむ茨のはなし——「今昔物語集」巻第十第二十七

むかし、あるところに三人の兄弟がいました。両親が亡くなったのちも、三人は同じ家で仲良く暮らしていました。その家の庭には美しい茨の花々が咲き乱れ、見た人はみな、心を奪われました。ところが、どうしたわけかはわかりませんが、しばらくたつと三人は、分かれて暮らすことに決めました。

そこで、さっそく家を売り払い、そのお金を三人で分けて、明日の朝にはそれぞれ新しい土地へ出発することにしました。

さて、翌朝。

美しさで評判だった庭の茨も掘り取り三等分しようと、三人は庭へ出てみました。ところが、夜のうちに茨は庭から消えてしまっていました。だれかが掘り取ったようすもありませんから、盗まれたとは思えません。にもかかわらず、茨がきれいさっぱりなくなってしまっていたのでした。これを見た三人は思いました。

「これは人間のしわざではないだろう。きっと茨が、われわれと離れ離れになるのがさびしくて、姿を消してしまったのにちがいない。考えてみれば、草花にとってさえ、別れはこれだけつらいものなのに、血を分けた兄弟三人が離れ離れに暮らしたら、どれだけつらいことだろう。なにもわざわざ自分たちから望んで別れる必要はないじゃないか」

そこで三人はもう一度相談し、家を売り払うのをやめ、手にしたお金は返却して、もと通り、三人でいっしょに暮らすことにしました。すると、なくなっていたはずの茨がどこからともなく戻ってきて、むかし通りの美しい花を咲かせてくれたのでした。

かずら――葛

✣根から取ったデンプンで作ったくず粉は湯で溶いて、和菓子作りや料理に使われます。なお、根を乾燥させて作る葛根《かっこん》は、漢方薬材です。

✣根茎で殖えますから、地上で繁茂している部分を刈り取っても、またすぐに生えてきます。

✣長いつるは、編んで籠などを作るのにむかしから重宝がられてきました。

【口上】もしも、山中でせまい穴に閉じこめられたとしたら、あなたならどうしますか。

ただじっと助けを待っていても、だれも捜しにきてくれないかもしれません。かといって、むやみに動き回ろうとしますと、周囲の岩や石が崩れてきて、かえって自分の命を縮めてしまうことになるかもしれません。酸素もよけいに消費してしまいます。

「製葛録」より
山に入って葛を掘る図

ではこのはなしのなかの男は、穴のなかで、いったいなにを考え、どう行動したのでしょうか。

◎穴に閉じこめられた男のはなし――「日本霊異記」下巻第十三

ある時、美作国《みまさかのくに》（岡山県）の鉱山で事故がありました。坑道が突然崩れて、鉱夫十人が閉じこめられてしまったのです。このうち九人は、なんとか外へはい出せたのですが、最後の一人だけは逃げ遅れて、なかに取り残されたままでした。外で待っていた者たちは、男が崩れてきた岩に押しつぶされて死んだと思いこみ、涙を流しました。家族も嘆き悲しみ、菩提をとむらうために写経をし、追善法要もとりおこなって、事故から、はや七日以上も経ってしまいました。

その間、例の男は、坑道に閉じこめられたまま、なんとか生きていました。男は仏さまに祈りました。

「私は以前から法華経を深く信仰し、いつか自分の手できちんと写経をせねばと思いながら、日々の忙しさにまぎれて、ついつい先送りにしてきました。もしも、私をここから出してくださいましたら、かならずや写経をなしとげてご覧にいれます。どうかお助けください」

すると、坑道を壁のようにびっしりふさいでいた岩の一部に指が入るほどのすき間が生じ、ひと筋の光が射しこみました。そして、どうやってそのすき間をすり抜けたものか、ひとりの僧がなかへ入りこんできて男の前に立ち、ごちそうを盛った鉢を差し出して食べさせてくれました。僧は、

「これは、そなたの妻子が追善供養で供えた食べものです。ありがたく頂戴しなさい」

と言い残すと、またすき間をすり抜けて、外へと消えて行きました。さて、僧の姿がかき消えてしばらくしますと、男の頭上にかなりの大きさの穴が開き、日光が射しこんできました。見上げてみますと、広さは二尺（約六十センチ）、高さは五丈（約十五メートル）ほどで、ちょうど井戸のようでした。と、その時です。穴の近くを、三十数人の一団が通りかかりました。山奥で葛《かずら》を取って帰る途中の山びとたちでした。

穴の底から上を見上げていた男はその気配に気づき、大声で助けを求めました。山びとたちが穴をのぞきこみますと、確かに人影が見えます。

「これは一大事だ」

ということで、男の救出作戦がはじまりました。山びとは持ちあわせていた葛を編んで四角い籠を作り、四隅に縄を結びつけました。そして、穴のまわりに四つの滑車を据えて縄を通し、籠をするすると穴の底へ降ろしました。

そして、男が籠へ乗りこんだのを確かめると、今度は縄を引いて、男を地上へと救いあげたのでした。こうして、男は無事に家へ戻ることができました。家族は、死んだと思っていた者が生きて帰ってきたので、大喜びでした。男は、穴の底での写経の誓いについて、みんなに語って聞かせました。人々は、

「男の生還は、法華経の功徳と観世音菩薩さまのご加護のおかげにちがいない」

と手をあわせ、感涙にむせんだといいます。

ふじ――藤

✣花は美しい薄紫色で、「藤色」という色名はこれに由来します。

✣上がり藤、下がり藤、向かい藤菱、右回り片手藤などなど、家紋の図柄にも多く登場します。

✣花瓶に活ける場合、藤は他の植物にくらべますと水揚げが悪いので、水に少量のアルコールを混ぜるのが長持ちさせるコツです。

【口上】「信じる者は救われる」ということばは、よく知られています。

「諸国年中行事」より
阿波慈福寺の藤

本来の宗教の文脈を離れて、世間的には「下手に理屈をこねるのではなく、全身全霊で信じて物事にあたれば、かならずやよい結果が得られる」という意味でも使われます。あなたはいままで、このことばを真実だと実感したことがありますか。

◎藤のこぶのはなし──「沙石集」巻第二ノ一

ある男は、山寺の某僧を深く信じて敬い、仏法のことも俗世間のことも、なんでも相談して、教えを請うのが常《つね》でした。男は病気のことまで僧に相談したのですが、じつはその僧には医術や薬の知識はありませんでした。しかしながら、

「わしは、薬のことなどわからぬ」

と白状してしまっては面目が丸つぶれですので、僧は知ったかぶりをして、どんな病気のことをたずねられても、

「それなら、藤のこぶを煎じて飲むのがよろしい」

と答えて、済ませていました。たずねる男の方も男の方で、僧をすっかり信用していましたから、いかなる病の折にも、僧に言われたとおり、藤のこぶを煎じて飲みました。すると、不思議なことに、どんな病気でもたちまち治ってしまったのでした。

さて、ある日、男がたいせつにしていた馬が急にいなくなりました。男があわてて僧に相談しますと、僧はいつものとおり、

「藤のこぶを煎じて飲みなさい」

と答えました。さすがに今度ばかりは、男も、

「馬と藤のこぶになんの関係があるのかな」

と少々疑問に思ったのですが、

「きっとこれには、深いわけがあるのだろう」

と思い直し、藤のこぶを煎じようと、いそいそ準備をはじめました。ところが……。あまりに頻繁に取るものですから、家の周りには、もはや藤のこぶが残っていませんでした。みんな取り尽くしてしまっていたのです。そこで、仕方なく、ふだんは行かない山のふもとまで出かけて藤のこぶを捜していたところ、なんとそこで、捜していた馬が草を食《は》んでいるのを見つけました。これも、一心に信じたゆえに得られた果報だったのです。

たけ——竹

✣タケノコから成長した後、皮を落とすのがタケで落とさないのがササ、と覚えておくと、区別するのに便利です。

✣種類にもよりますが、竹は六十〜百二十年ほどの周期で花を咲かせます。むかしは、竹の花が咲くと、人々は「天変地異の前触れだ」などと言って恐れました。

✣広範囲に地下茎を伸ばすので、がけ崩れ防止の目的で植えられることも多いのですが、意外なことに地すべりには弱いとされていますので、植える際には注意が必要です。

【口上】思えば、竹は不思議な植物です。生長が思いのほかにはやく、あっという間に、見上げるような高さにまで大きくなります。しかし、他の多くの植物とはちがって、大きくなっても軽く、しなやかで、暴風におそわれても折れることはほとんどありません。なかに、節に区切られた空洞がたくさんあるのも特徴です。国や地域によって、あるいは時代によっては、そこに水や酒を入れて容器代わりにしたり、飯などを入れて調理器具や食器として使ったりもします。ところが、このはなしのなかの竹に入っていたのは、水でも酒でも飯でもなく、なんと信じがたいことに……。

◎竹取《たけとり》の翁《おきな》のはなし――「今昔物語集」巻第三十一第三十三

むかし、一人の翁が、日々、竹を切って籠を編み、それを売ったお金で暮らしていました。ある日、竹やぶに入ったとき、一本の竹がまばゆく光っているのに気づきました。不審に思った翁が、勇気をふるって、光る竹を切ってみますと、竹の節のなかに、三寸(約九センチ)ばかりの小さな人が入っていました。女の子でした。翁は、

「長年、竹を切って暮らしてきたが、こんなものが見つかったのは初めてじゃ」

と喜び、片手には切った竹を持ち、もう片方の手には例の女の子を乗せて、いそいそ家へ戻りました。妻の嫗《おうな》も大喜びで、それからは女の子を竹のかごに入れて、大切に育てました。すると、あれほど小さかった女の子が、三か月くらい後には、ふつうの人間と変わらぬ大きさへ成長しました。

やがて、女の子は年ごろになりました。彼女の美しさは、この世にならぶ者がないと思われるほどで、そのうわさは、遠い土地にまで広まりました。さて、そのころ、翁がまた竹やぶへ

入って竹を切りますと、今度は竹のなかから黄金が出てきました。翁は大金持ちになりました。そこで大きな屋敷を構え、下男下女をおおぜい使って暮らすようになりました。蔵には金銀財宝があふれていました。どうやら、あの女の子が家へ来てからというもの、なにもかもがうまくいくようになり、運勢が開けてきたようでした。老夫婦は、女の子をこのうえもなくいつくしんで育てつづけました。

ところで、女の子の美しさにひかれて、数えきれないほどの貴族が求婚してきたのですが、女の子はすべて断ってしまいました。

しまいには、帝までが翁の屋敷を訪れて、女の子に向かい、

「このまま、私と一緒に宮中へ戻り、后になってはくれぬか」

と頼みました。すると、女の子は、

「まことにおそれおおいお誘いですが、どうしてもお受けすることができません。と申しますのも、私は見た目こそあなたがたと同じですが、じつは人間ではないのでございます」

と明かしました。帝が、

「それならば、そちは何者なのじゃ。鬼か。それとも、神か」

とたずねたところ、女の子は、

「繪入竹とり物語」より
天空に戻る女の子

「鬼でも神でもございませぬ。が、まもなく私のところへ、天空から迎えが参ります。私はその者たちといっしょに戻らねばなりません。あなたさまは、どうかいまのうちにお引き取りくださいませ」

と言いました。しかし、帝は、

「なにを馬鹿な。空から迎えが来ることなどあるものか。私の誘いを断る口実に、でたらめを申しているに相違ない」

と、まったく信じようとはしませんでした。

そうこうするうち、驚いたことに、女の子のことば通り、天空からおおぜいの人が輿《こし》を持って地上へ降り立ちました。そして、女の子を輿へ乗せると、空のかなたへと飛び去って行きました。

取り残された帝は、すごすごと宮中へ帰りました。それからというもの、去って行った女の子を思い出しては恋しがりましたが、どうしようもありませんでした。結局、女の子の正体はわからずじまいでした。どうして、翁の子としてこの世にあらわれたのかもわかりません。

「合点のゆかぬことばかりだ」

と世の人はうわさしました。

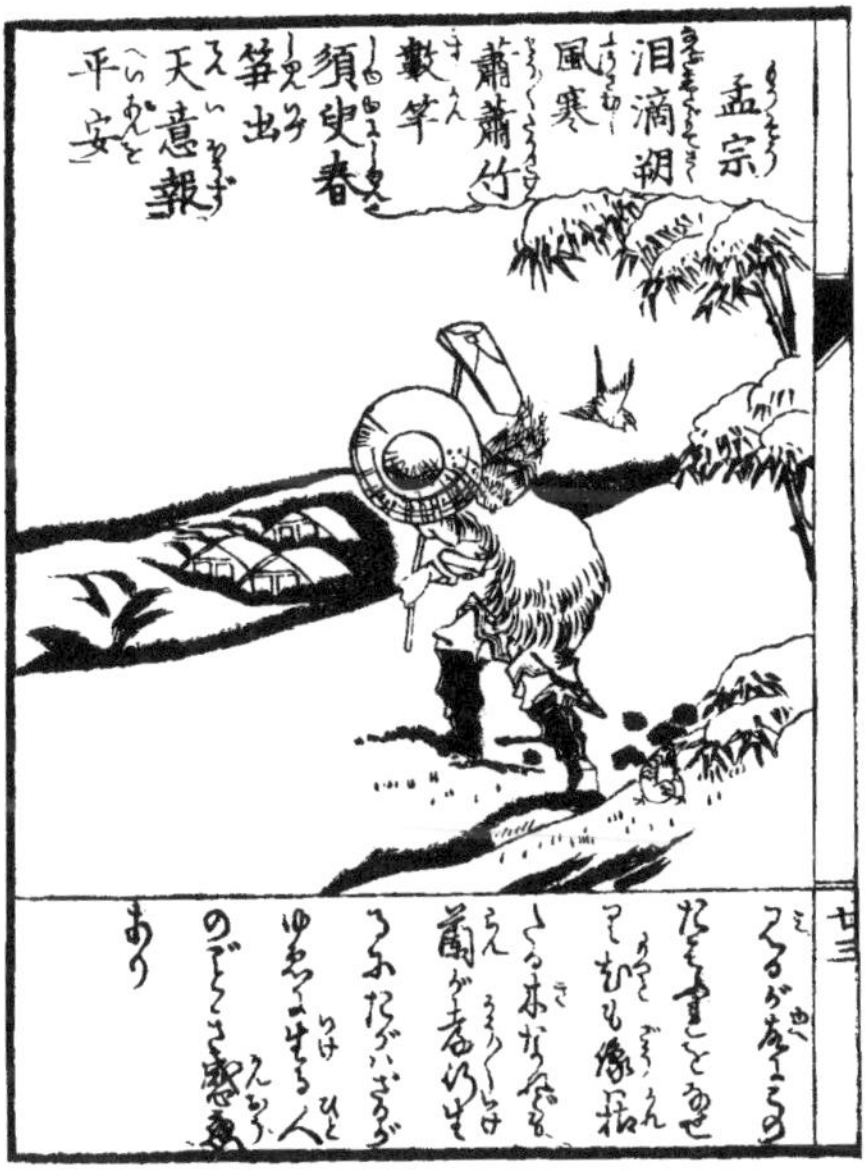
孟宗
泪滴朔風寒
蕭蕭竹數竿
須臾春笋出
天意報平安

「二十四孝絵抄」より
孟宗の筍堀

岩崎灌園
「本草図譜」より
菊

中村惕斎「訓蒙図彙」(1666)より

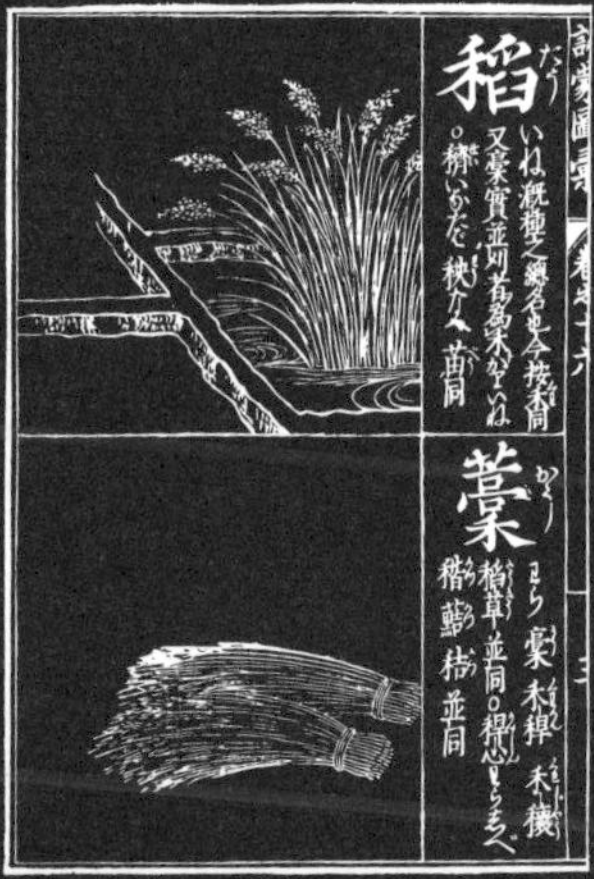

菜穀の

なぎ——水葱

✣ミズアオイの別名です。

✣むかしの日本人は、水辺の植物をしきりに食べたようで、それらを「水菜《みずな》」と呼んでいました。ミズアオイのほかに、セリ、ジュンサイなどが含まれます。

✣かつては水田の雑草としてありふれた植物だったのですが、農薬などの影響で一時は激減しました。ところが最近では、農薬耐性をもった種があらわれて繁茂し、問題になっている地域があります。

【口上】からだが大きく、肥えた人の食事量が多いのは、ある意味、当たり前ですが、世の中には「痩せの大食い」といって、からだがかぼそくて痩せているのに、「このからだのどこへ入るのだろうか」と心配になるくらい大量の食物を、ぺろりと平らげる人がいます。このはなしの僧の体形も気になるところです。

◎**大食漢の聖《ひじり》のはなし**——「**宇治拾遺物語**」**巻第二**

むかし、あるところに尊い聖がいました。念仏三昧でひどく腹をすかせていた聖は、京へのぼる道すがら、あたりに生えていた水葱を折り取っては、かじりながら歩いていました。それを見つけた畑の持ち主の男が、あきれ顔で、

「他の者ならいざ知らず、お坊さまがなんということを……。そんなにお腹がすいておられるのですか」

とたずねたところ、聖は食べながらうなずき、みるみるうちに三十本ほどを平らげてしまいした。男は驚き、この聖の食べっぷりをもっと見物したいという思いに駆られ、

「ああ、わかりました。よろしい、こうなったら好きなだけお食べなさい」

と声をかけました。すると、聖はがつがつと食べつづけ、とうとう一面の畑の水葱をすべて食べつくしてしまったのでした。

男は、

「食べものなら、他にもご用意できますよ。これなぞ、いかがですか」

と言って、白米一石を炊きあげ、聖に勧めてみました。

聖は、

「ありがたや、ありがたや。ここしばらく、なにも食べていなかったので、とにかく腹が減って仕方がないのです」

と言いながら、これも見事に平らげて、ぷいっと立ち去って行きました。男はあぜんとして、このことを周囲の人々に語って聞かせました。

さて、このうわさは、人づてに藤原師輔卿《ふじわらのもろすけきょう》の耳にも入りました。

「はなしが真実かどうか、この目で確かめてみたいものだ。仏縁を結ぶことにもなるから、聖を招いて、食事を勧めてみよう」

と考えた卿は、さっそく使者を立てて、聖を屋敷へ招待しました。

しばらくしますと、聖が歩いてやって来ました。見れば、聖の背後には、餓鬼、虎、狼、犬、烏、その他の鳥獣が何千、何万とつき従っていました。しかし、不思議なことにそれが見えるのは卿だけで、他の人たちには、ただ聖ひとりが歩いてきているようにしか見えないのでした。

卿は、

「さてもさても、これは世にも尊い聖でいらっしゃるな」

と見抜き、白米十石を炊いて、数多くの器に入れて差しあげたところ、聖は自分では少しも食さず、すべてを背後にいる鳥獣たちへ与えました。鳥獣たちは、器を捧げ持って、礼拝してからそれを食べたのでした。卿の屋敷をあとした聖は、四条の北の小路で糞《くそ》を垂れながら歩きました。そのさまは、道に墨を細く垂れ流しながら歩いているようでした。もちろん、それは背後

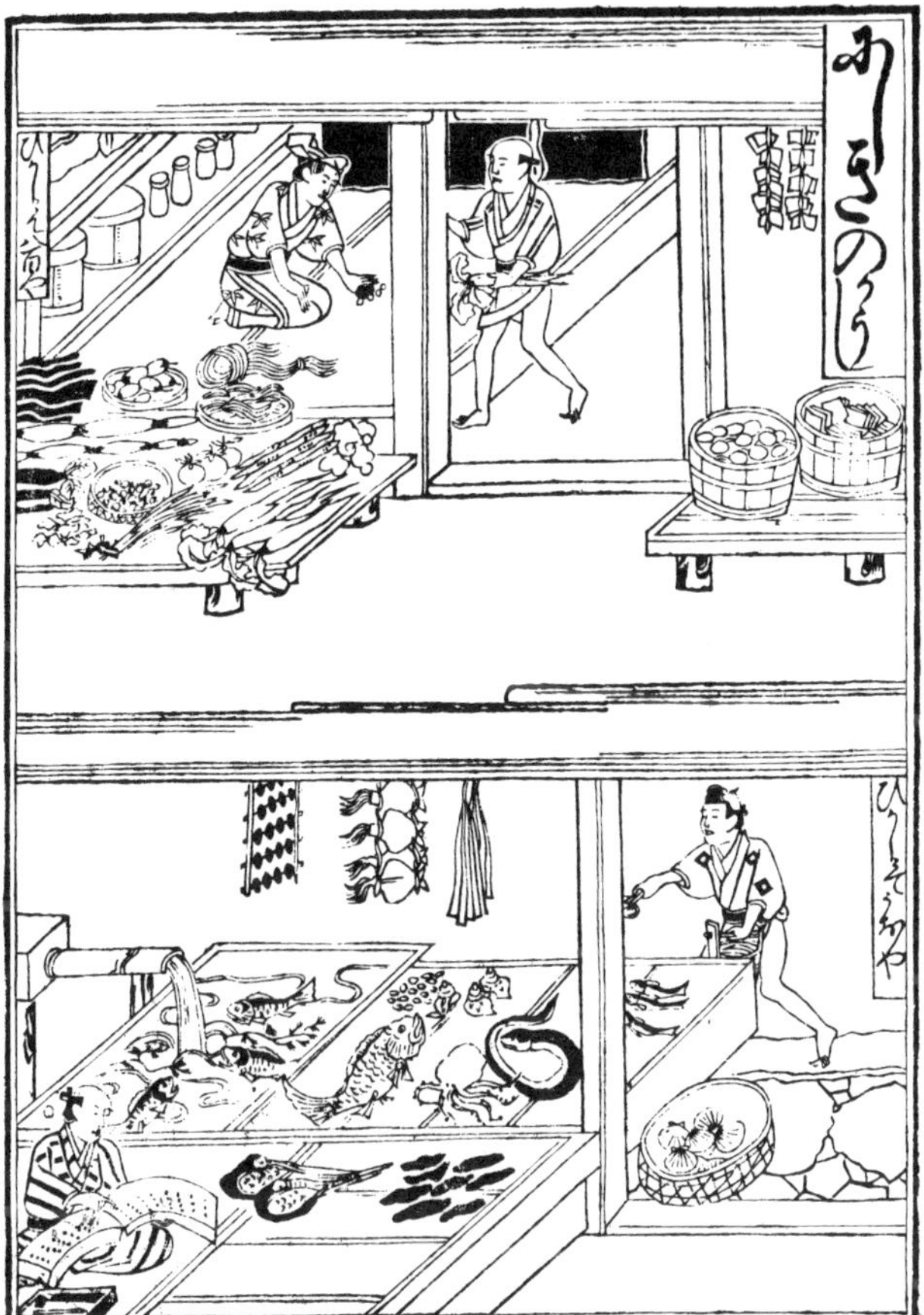

錦の小路
「京雀」より

の鳥獣たちが垂れ散らしていたものだったのですが、常人にはその鳥獣たちが見えなかったので、聖のしわざのように思ったのでした。人々は顔をしかめて汚がり、その小路はいつしか「糞の小路」と呼ばれるようになりました。

やがて、そのはなしは、おそれ多くも帝の耳にまで達しました。帝は近臣に問いました。

「四条の小路の南は、なんと申したかな」

近臣が、

「綾《あや》の小路でございます」

と答えたところ、帝は、

「おお、そうであった。ならば、例の聖の通った小路は、今後は錦《にしき》の小路と呼ぶようにいたせ。世の者のいうような名では、あまりにも汚らしいゆえ」

と言い渡しました。これが、錦の小路の名の由来なのです。

あさ——麻

✣原産地は中央アジア付近で、日本へは一世紀ごろに伝わったようです。

✣麻畑は、近づきますと独特の異臭がします。

✣木綿が一般に広まるまでは、麻が衣服の原料としてよく使われていました。

【口上】虎のからだのしま模様は、動物園で見るとやたら目立つけれど、森や林のなかではみごとに風景に溶けこみます。おかげで、ねらった獲物に気づかれずに近づくことができます。麻畑にひそむ虎は姿がみえにくいから、ほんとうに怖いですよ。

◎虎退治のはなし――「宇治拾遺物語」巻第十二第十九

壱岐守《いきのかみ》宗行の家来の男が新羅《しらぎ》国へ渡りました。金海《きんかい》という町に着くと、皆が人喰い虎のうわさをしてました。なんでも、虎は町で人を襲ったあと、町の西にある麻畑にひそんでいるとのことでした。

そこで、男は弓矢を持って虎退治に出かけました。これを見た新羅の人たちは、

「命知らずもいいところだ。あさはかな日本人だな。きっと虎に喰われてしまうだろう」

と陰口をたたきました。

さて、男がしばらく歩いて行くと、うわさの麻畑が目の前に広がってきました。高さ四尺ほ

どの麻が一面に生い茂っていました。

そして、なかへ分け入って進むうち、とうとう虎を見つけました。男は片膝をつき、矢をつがえて弓を引きしぼり、狙いを定めました。

他方、虎の方も男が来たことに気づいていて、からだを低く構えてしばらく男をにらみつけていたかと思うと、大きな口を開けて男へ飛びかかりました。男は虎が自分の上にのしかかるぎりぎりの瞬間まで待ってから、矢を放ちました。

それゆえ、矢は虎のあごの下から首のうしろまで、ズブリと突き通りました。

これにはさすがの虎も耐えきれず、地面へどさりと落ちると、倒れてもがき苦しみました。するとと男は、すかさず矢を二本、虎の腹へ射こんで、とどめを刺しました。

男は町へ戻り、役人に虎を退治したと報告しました。役人が大勢の町の人たちといっしょに見に行くと、男が言ったとおり、からだに三本の矢を突き立てられた虎が死んでいました。皆はこれを見て、

「われわれ新羅の人間は、虎に立ち向かうとき、矢尻に毒を塗った短い矢を使う。これに射られた虎は、毒がからだに回って確かに死にはするけれども、けっして即死ではない。ところが日本人は、長い矢を使い、命を危険にさらしながらも虎を十分に引きつけてから射るので、そ

の場で仕留めることができる。勇敢でなければできないやり方だ。もしもこいつらと闘ったら、わわわれは勝ち目がなさそうだぞ」

といって身震いしたといいます。

その後、男は妻子が恋しかったので、故郷の筑紫へ帰りました。新羅での男の活躍は貿易の商人たちによって筑紫へも伝わり、ずいぶん評判になったそうです。

むぎ――麦

✣一種類の植物を指すのではなく、コムギ、ライムギ、オオムギなど、見た目が似通ったイネ科の穀物の総称してこう呼びます。

✣むかしから、人間にとって重要な穀物を「五穀」と呼んでいます。ただ、その顔触れは、時代や地域によって異同があります。例えば、「米・麦・豆・粟《あわ》・稗《ひえ》」、「米・麦・豆・粟・黍《きび》」など。いずれにせよ、麦は常にランクインしているようです。

✣一九五一年に発表された長編小説『ライ麦畑でつかまえて』(サリンジャー著)は、日本でも愛読者が多いです。ちなみに、ライ麦は、別名「黒ムギ」ともいいます。

【口上】よい師弟関係というのは、きっと不即不離なのでしょう。師匠から言われたことをただうのみにするだけの弟子は、たいして上達しないでしょう。かといって、師匠に反抗して自分勝手を続けるだけの弟子にも、成長は望めません。このはなしに登場する師弟は、はたしてどうでしょうか。

◎頭をかかえる師匠のはなし――「古今著聞集」巻第十六

琵琶の名手、藤原師長《もろなが》には、藤原孝道《たかみち》という若い弟子がいました。ある時、師長から、

「今日はかならずわしのそばにおれよ」

と言い渡されていましたのに、孝道はどこかへ遊びに行ってしまって、終日、戻って来なかったことがありました。その日の夕方になって、ようやく孝道が戻りますと、師長はたいそう腹を立て、家来に命じて、麦飯に鰯《いわし》を添えただけの貧相な食事を与えました。ふつうに考えますと、このような貧しい食事を食べさせられるのは、貴族にとっては耐えがたい屈辱であり、ですから師長としても、言いつけを守らなかった罰のつもりで、孝道へ食べさせたのでした。

ところが、孝道はそんなことはまったく意に介さず、

「ああ、ありがたい。外から帰ってきて、ちょうど腹が減っていたところだ」

と大喜びで、ぺろりと平らげ、涼しい顔をしています。それを見た師長はさらに怒り、「ええい、けしからんやつめ。三千三百三十三回の礼拝をいたせ」と命じました。きっと、途中で辛くなり、音を上げるだろうと考えたのです。しかし、孝道は若くて丈夫なからだをしていたうえ、ついいましがた麦飯にありついて力もみなぎっていましたから、あれよあれよという間に、言われた数だけの礼拝を済ませてしまいました。

こうして、二度もあてが外れた師長は頭をかきむしり、

「いまいましいといったらない。こんなやつの相手をするのはごめんだ」

とくやしがったそうです。

いね——稲

✣水田で栽培する「水稲《すいとう》」に対し、畑で栽培するものは「陸稲（りくとう・おかぼ）」と呼ばれます。

✣北国ほど田植えが早く、収穫も早いです。

✣「夏《なつ》」の語源は、「（稲の苗が自分の根で、しっかりと水田に）なりたつ」の語が縮まった

ものと言われます。

【口上】絵のうまい人、ヘタな人、世のなか、いろいろな人がいます。生まれつき上手な人もいれば、最初はヘタだったけどいっしょうけんめい練習してうまくなる人もいます。

このはなしのなかの絵師は、どちらのタイプだったのでしょうか。

ちなみに、うまいヘタは別にして、あなたは絵を描くのは好きですか。

◎絵のなかの馬のはなし――「古今著聞集」巻第十一

むかし、仁和寺《にんなじ》（京都市右京区）の近所の田が荒らされ、稲が喰われる事件が毎夜続きました。

犯人はわかりません。一方、仁和寺には名人、巨勢金岡《こせのかなおか》が腕によりをかけて描いた馬の絵があったのですが、その馬の足が泥で汚れて、てかてか光っていることがたびたびありました。

人々はこれを見て怪しみ、

「田を荒らしているのは、きっとこいつだろう」

と目星をつけると、絵のなかの馬の目をほじって、潰してしまいました。すると、それ以降、田の稲が喰い荒らされることはなくなったそうです。

絵のなかの馬
「古今著聞集」より

✣生長がはやく、やせた土地でも育ち、しかも実《み》は長く保存しても腐りにくいので、飢饉《ききん》に備えて庶民はさかんに植えました。

✣人間が口にする穀類のなかで、実がもっとも小さいと言われています。

✣粟おこし、粟飯など、粟を使った食品・料理は、独特の風味で喜ばれています。

【口上】たのみごとのある人は、それなりの理由があって必死ですから、「いますぐ!」「ここで!」を求めます。でも、たのまれる方にだって、その人なりの理由がありますから、すぐに望みをかなえてあげられないこともあります。人づきあいの難しいところですね。

◎粟が欲しい男のはなし――「今昔物語集」巻第十第十一

むかし、荘子という人がいました。

なんでも知っている、じつに賢い人でしたが、家はひどく貧乏で、なんの貯《たくわ》えもありませんでした。

ある時、荘子は、その日に食べるものすらないほど追いつめられました。そこで悩んだあげく、となりの家の男に、

「じつは、なにも食べるものがないのです。今日一日食べる分だけでいいので、粟を少し恵んでいただけませんか」

と頼みこみました。すると、男が言うには、

「あと五日したら、うちには千両という大金が転がりこんでくるんです。だから、あと五日経ってから、もう一度うちへおいでなさい。その時に、いくらかお金をお渡ししましょう。だいたい、あなたのような賢くて立派なおかたに、わずか一日分の粟しか差しあげなかったと他の人に聞かれたら、私が恥をかくことになります」

これを聞いて、荘子は言いました。

「こんなはなしがあるので、聞いてください。

ある日、私が道を歩いていますと、背後からだれかに呼び止められました。振り返りましたが、だれもいません。不思議に思ってよくよく見ますと、車のわだちの跡に水たまりがあって、そのなかで小さな鮒が身もだえしているのです。

私は、『お前さんは、なんでそんなところにいるのか』とたずねました。

すると鮒は、『私は河の神様のお使いなのですが、飛びはねそこねたあげく、こんな小さな水たまりへ落ちてしまいました。ここは水が少なくて、私はいまにも死にそうです。そこで、あなたに助けていただきたくて、お呼びしたのです』と答えました。私は言いました。

『それは大変だ。では、こうしましょう。私は三日後に江湖へ出かけることになっています。その時にあなたをそこからお助けして、向こうの水のなかへ放って差しあげましょう』

鮒が答えて言ったことには、

『私は三日も待てません。江湖へ連れて行ってくださるのはありがたいのですが、それよりもまず、一滴でけっこうですから水をください』

そこで私は水を一滴、恵んでやりました。いまの私は、このはなしのなかの鮒と同じ心境です。私も、今日なにか口にしなければ、おそらく死んでしまうでしょう。後《あと》の千金は、ちっとも役に立ちません」

ここから、「後の千金」ということわざが生まれたのでした。

黄粱（粟）一炊の夢のパロディ
「金々先生栄花夢」冒頭の粟餅屋

だいず——大豆

✣日本では、『古事記』に登場するほど古くから知られた植物です。

✣熟す前に収穫したものが、「枝豆」です。

✣完熟したものは搾《しぼ》って油をとり、搾りカスは飼料にします。

【口上】大豆ほど日本人に親しまれている食べものも少ないでしょう。アレルギー体質の人は別にして、「大豆がきらい」「大豆は食べられない」という人は少ないのではないでしょうか。関西では、親近感をこめて「お豆さん」と呼んでいます。まるで人間のような扱いですね。

最近の子どもは箸づかいが苦手といいますが、このはなしのなかの僧を見習ってほしいものです。

◎**大豆の賭《か》けのはなし**——「宇治拾遺物語」巻第四第十七

近江国浅井郡出身の僧、慈恵僧正《じえそうじょう》のはなし。浅井の郡司は僧正の檀家でしたので、ある時、法要のために僧正を招き、食事をさしあげました。

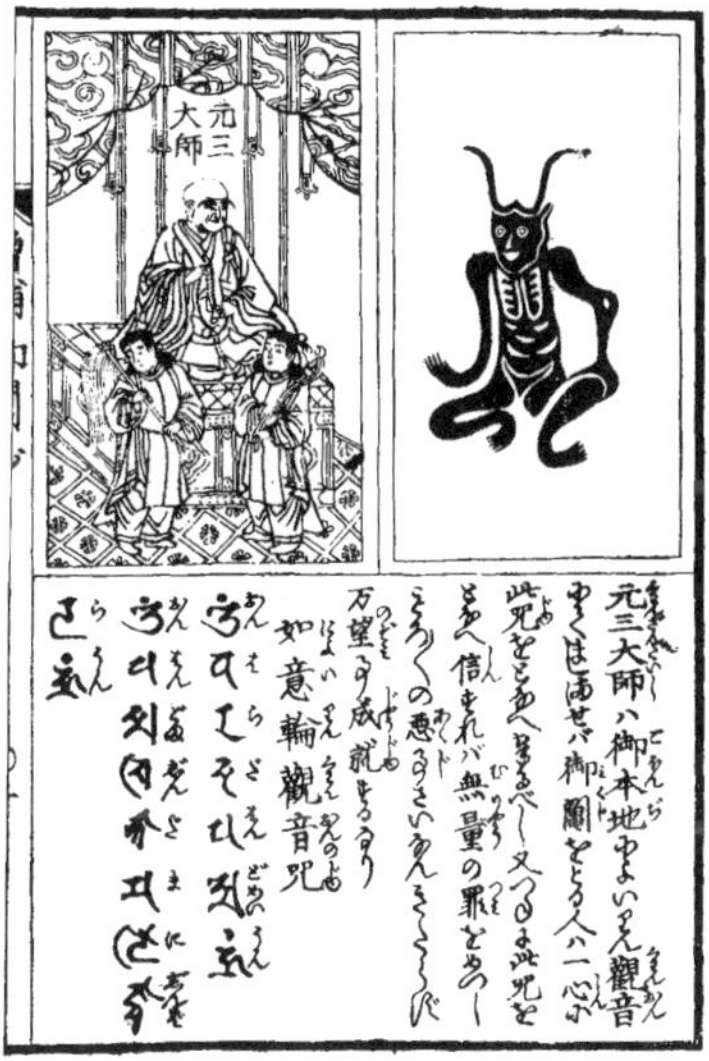

「元三大師御鬮繪抄」より
元三大師（慈恵）と角大師

そのおり、大豆を炒って、酢をかけて僧正へすすめますと、僧正は、

「なんのために酢をかけるのですか」

とたずねました。郡司は、

「ああ、これですか。これは『すむつかり』といいまして、豆が温かいうちに酢をかけて、わざとしわを寄せるのです。そうしませんと、あとで食べるときに、箸《はし》がつるつるすべって、つまみにくいですから」

と答えました。すると、僧正は、

「酢なんぞかけなくても、箸でつまむのは、わけのないことでしょうに……。愚僧でしたら、投げつけられた大豆だって、みごとにつまんでご覧にいれますよ」

と言い放ちました。ここまで言われたら、郡司も聞き捨てなりません。

「いくら僧正さまでも、さすがにそれは無理でございましょう。いくらなんでも、言い過ぎですよ」

と突っかかりました。僧正は、

「できるか、できないか、論より証拠です。私がいまから試してみます。そうだ、よいことを思いつきました。もしも、投げられた大豆を私が箸でつまめたら、比叡山の戒壇を築くため、人

夫を提供してください」

と提案しました。郡司は、はなから絶対に無理だと思いこんでいますから、

「ああ、お安い御用ですとも」

とすぐに承知して、さっそく一間《いっけん》くらい離れた場所から、僧正めがけて、炒った大豆を何度も投げかけました。すると……。僧正は、一度もしくじらず、全部、箸でうまくはさみ取ってしまったのでした。

見ていた人たちは腰を抜かしました。意地になった郡司が、いま取り出したばかりで汁まみれの柚子の種を投げてみました。これは水気が多くてすべりやすいので、僧正はいったんはつまみそこねたのですが、床へ落ちる前にもう一度箸を伸ばして、すばやくつかんだのでした。郡司は降参し、約束どおり、大勢の人足を提供しました。そのおかげで、戒壇はさして日をおかずに、立派に築き上げられたのでした。

ひる——蒜

✣「蒜」は、ニンニク、ネギなど、食用に供されるユリ科の多年草の古名です。

✣世界のニンニク生産量の約八割は、中国産です。なお、日本での主産地は青森県です。

✣スーパーマーケットなどで「無臭ニンニク」の触れ込みで売られているのは、厳密に言いますとニンニクではなく、リーキ（西洋ネギ）の仲間です。

【口上】ふだんおとなしい飼い犬でも、食事中にちょっかいを出されると、飼い主の手をかむことがあるそうです。

偶然かどうかはわかりませんが、このはなしに登場する鹿は、食事中の主人公の前にあらわれて、悲劇に見舞われます。

◎蒜で打たれた鹿のはなし——「古事記」中巻景行天皇

倭建命《やまとたけるのみこと》が船で海を渡っていますと、海の神が波を起こし、船は海上で立ち往生してしまいました。同乗していた后《きさき》は、これはいけにえを欲する海の神のしわざだと察知して、命《みこと》に向かって言いました。

「私があなたの代わりに、海へ入ります。あなたは生きのびて、与えられた任務をかならずや果たしてくださいませ」

こう言い残して后が入水《じゅすい》しますと、それまでの荒海はうそのようにおだやかになり、船は順調に進むことが出来ました。なお、七日後には、后の櫛《くし》が近くの海岸へ流れ着きました。命はそれを拾いあげて塚を作り、そこへ櫛を収めました。

その後も命は各地を転戦し、荒ぶる山河の神たちを次々と平定して進みました。

そして、大和方面へ戻りつつあった途中、足柄《あしがら》の坂本という地で、しばし休息し、食事を摂《と》っていました。すると、その坂の神が白い鹿へ化身して、命の前へ立ちはだかりました。命はあわてず騒がず、食べ残しの蒜の片端《かたはし》を握りしめ、白い鹿を打ちのめしました。蒜は鹿の目を直撃し、鹿は即死しました。命は坂の上に登り立ち、三度ため息をついて、

「ああ、あづま(吾妻《あづま》・我が妻)よ」

と言い放ちました。それゆえ、この一帯のことをいまでも「あづま(吾妻・東)」と呼ぶのです。

いも——芋

✣ジャガイモ、サトイモ、サツマイモ、タロイモなどなど、芋類は食料としても人類に多大の貢献をしてくれています。

✣蝶《ちょう》や蛾《が》の幼虫を俗に「芋虫」と呼ぶのは、芋類の葉を食害する虫だからです。形が芋に似ているからではありません。

✣サツマイモなどの輪切りに文字や絵を彫り、墨や絵の具を塗って紙に捺《お》す「芋版《いもばん》」は、独特の風合いがあるので、いまでも根強い人気です。

【口上】いまでこそ、ダイエットが大流行りで、「痩せることはいいことだ」といった風潮が強いですが、とにかく食べものが貴重だったむかしは、おなかいっぱい食べられることがなによりの幸せで、太っていることはうらやましがられることが多かったのです。

とはいえ、ものには限度というものがあります。

このはなしのなかの男は、好物をどのくらい平らげることができるでしょうか。

◎芋粥《いもがゆ》好きの男のはなし――「宇治拾遺物語」巻第一第十八

むかし、芋粥好きの男がいました。ある日、

「芋粥というのは、じつに美味いものだ。いくら食べても飽きることがない。ああ、一度でいいから、『もう芋粥は喰いあきた』というくらい、腹いっぱい芋粥が喰ってみたい」

芋粥好きの男
「宇治拾遺物語」より

とつぶやいたところ、これを耳にした同輩の侍が、

「それならば、私の敦賀の屋敷へお越しください。芋粥をめいっぱいごちそうして差しあげますので」

と願ってもないことを言ってくれましたので、男は案内されるまま、侍の屋敷へついて行きました。

さて、都からの旅で疲れていた男が寝所で休んでいると、真夜中ごろ、屋敷のどこかから、大きな声が聞こえました。

「さあさあ、下人たちよ、よく聞け。明朝、切口三寸、長さ五尺の芋を各自一本ずつ持って参れ。よいか」

男は、

「なんだか、おおげさなことになっているなあ」

と思いつつも、そのまま寝入ってしまいました。

翌朝。起きて庭へ出てみますと、長いむしろが四、五枚、敷いてありました。

そこへ下人たちが入れ替わり立ち替わりやって来ては、昨晩言われた通りの寸法の芋を置いて行きました。一人で一本とはいえ、大勢の者たちが相当長い時間、入れ替わり立ち替わり

ずっと置き続けたものですから、芋はみるみる屋敷の屋根と同じ高さにまで積みあがりました。

すると今度は、五石も入ろうかという大釜が五つ六つ運びこまれ、若い女たちが桶でなにやら汲んでは釜のなかへざあざあと流し込み、薪を燃やしてグラグラ煮はじめました。

男は、

「湯でも沸かしているのか」

と思いましたが、じつはそうではなく、釜の中身は味煎《みせん》（甘葛《あまずら》の汁）でした。

次に、若い男が十数人あらわれました。手に手に薄い刃の長い刀を持ち、積みあげられた芋をつかんでは皮をむき、そぐように切っていきました。ここまで見て男は初めて、こいつらは芋粥を作っているのだと気づきました。すると、それだけでなんだか空恐ろしく、食欲が失せてしまいました。

ところが、芋粥を作る方は、そんなことはお構いなしです。大きなどんぶりになみなみと芋粥を注ぎ、どうぞどうぞと勧めてきます。

男はいつもの食欲もどこへやら、もう胸がいっぱいで、ひと盛りも食べられずにまごまごしたあげく、

「私はもうけっこうです」

と音をあげました。

それを聞いた下男・下女たちは、

「では、私たちがお客さまのおあまりをちょうだいして、このけっこうな芋粥をいただくことにいたします」

と大笑いして、車座に座りました。ほどなく、芋粥の大宴会が始まることでしょう。

このように、例の同輩の侍は、都では身分こそ低いですが、地元での裕福さはとてつもないものでした。

芋粥責めにあった男が次に都へのぼった時には、装束や絹などがぎっしり詰まった行李《こうり》、鞍を置いたりっぱな馬までが敦賀から贈られてきたそうです。

うり——瓜

✣瓜は、一般的には、食用にされているシロウリ、マクワウリなどを指しますが、広い意味では、カボチャやヘチマなども含みます。

✣イノシシの子どもは、からだの形や体色が瓜に似ていることから、「瓜坊《うりぼう》」とも呼ばれます。

✣「瓜」と「爪」は字が似ていてまちがいやすいので、「爪に爪なし、瓜に爪あり」という覚え歌が伝わっています。

【口上】ふだんとちがう場所へ出かけますと、道中ないし到着地で、ふだんとはちがう人と出くわすものです。さあ、目の前にいる、今日初めて会う人は、はたしてよい人間か、悪い人間か。信用していいのかどうなのか。親切にしてあげたほうがいいのか、かかわりあいにならない方がいいのか。その判断をあやまりますと、たいへんなことになります。

◎瓜を惜しんだ男たちのはなし——「今昔物語集」巻第二十八第四十

ある年の七月のこと。

大和国から今日まで、瓜を馬の背に乗せて運ぶ一団がありました。途中、宇治の北の山中で、馬子たちは休息をとりました。瓜の籠を地面へ降ろして馬を休ませ、自分たちも木陰に座って、荷の瓜のいくつかを取り出して、切ったり割ったりして食べていました。すると、近くに住む者でしょうか、小汚い格好の老人がふらりとあらわれ、馬子たちのそばへ腰をおろしました。そして、弱々しく破れ扇を動かしながら、馬子たちが瓜をおいしそうに食べるようすを、じっと見ていました。

やがて、老人は言いました。

「すまんが、わしにも瓜をひとつ分けてはくださらんか。のどが渇いて仕方がないんじゃ」

ところが、馬子たちの答えはこうでした。

「この瓜はおれたちのものじゃない。これから京へ運ぶためのものさ。お前さんへ勝手にやるわけにはいかんよ」

すると、老人は言いました。

「冷たい人たちじゃなあ。年寄りにはもっと優しくせんといかんぞ。まあ、くれんと言うなら、わしにも考えがある。わしはわしで、自分で瓜を作って食べるとしよう」

これを聞いた馬子たちは、

「頭がおかしくなったんじゃないか、このじいさんは。なにを言い出すんだ」

とせせら笑っていました。老人はかまわず、そこらに転がっていた木切れを拾い、足元の地面をすこしばかり掘り返して、畑のようにしました。それから、馬子たちが喰い捨てた瓜の種を拾い集めて、さきほど作った小さな小さな畑に蒔いて、平らにならしました。すると、どうでしょう。蒔いた種から双葉の芽が生えたかと思うと、それはみるみるうちに生長し、あたり一面に生い茂りました。それればかりか、やがては花が咲き、ついには見事に熟した瓜が何十、何百と実ったのでした。馬子たちはあっけにとられ、

「このじいさんは、仙人なのか、はたまたどこかの神様か」

とおそれおののきましたが、老人は平然とその瓜を喰い、

「ほれ、この通り、自分で喰う瓜は自分で作ったぞ。見てみろ、まだまだたくさんある。お前たちも遠慮せずに喰うがよい」

と勧めた。馬子たちは喜んで瓜にむしゃぶりつきました。老人は、道行く旅人たちにも瓜を喰わせてあげました。みんな大喜びでした。そして、一同が瓜を食べ飽きるくらいに食べ尽くしたのを見計らうと、

「さて、そろそろわしは帰るとしよう」

とつぶやいて、どこかへ去って行きました。

一方、瓜で腹がふくれた馬子たちは、しばらくはぼうっとしていましたが、やがてはっとわれにかえり、

「ややっ。こんなところで思わぬ長居をしてしまったぞ」

と、あわてて出発のしたくにかかりました。そこで、瓜の籠を馬の背へ戻そうとしましたが、どうしたわけか、籠はあるのに、瓜がひとつもありません。その時はじめて、馬子たちは気づきました。

「そうか。あのじいさんが、あやしい術を使って、運んできた瓜を俺たちで全部食べてしまうように仕向けたにちがいない」

馬子たちはおおいにくやしがりましたが、もはや後の祭りでした。運ぶべき瓜はなく、例のじいさんのゆくえもわからず、どうしようもありません。一団は、すごすごと大和国へ戻って行きました。老人の正体は、結局、わからずじまいでした。

ひさご——瓢

✣別名を「ふくべ」ともいいます。

✣「ひょうたん(瓢箪)」とは、「瓢《ひょう》(ひさご)から作った箪《たん》」という意味です。

✣ウリ科の植物のほとんどは花が黄色いのですが、ひさご(ひょうたん)の花は珍しいことに白色です。

【口上】生きものに優しくしてあげたり、けがをした生きものを助けてあげたりする人は、いまもいるとは思うのですが、恩返しされたはなしは、あまり耳にしません。

生きものにひどいことをする人が多すぎて、恩返しのはなしがかすんでしまっているのでしょう。

それにしても、このはなしの老女が救った雀は、なんと義理堅いことでしょう。

◎恩を報じた雀のはなし――「宇治拾遺物語」巻第三第十六

ある時、六十歳を過ぎた老女が、子どもに石を当てられてけがをした雀を一羽、助けて世話をしてあげました。日夜、えさをあげてかわいがるうち、雀の傷も癒《い》え、ある日、老女の手から大空へと飛び立ち、そのまま帰ってきませんでした。老女は、雀が元気になったこと自体は嬉しかったけれども、いなくなってしまったことはさびしくて、複雑な思いでした。

さて、それから二十日ほど経ったころ。庭でしきりに雀の鳴き声がしました。

「もしや……」

と思って急いで行ってみますと、やはりあの雀でした。

「ここを忘れずに、戻ってきてくれたんだねえ」

と老女が嬉しさのあまり声をかけますと、雀は老女の顔をちらりと見て、口からなにやら小さなものをポトリと落とすと、そのまま飛び去って行きました。拾いあげてみますと、小さな小さな瓢《ひさご》の種でした。

「わざわざ持ってきてくれたのには、なにかわけがあるにちがいない」

と思った老女は、家族や近所の人たちに笑われるのもおかまいなく、種を植えて育ててみました。秋になりますと、瓢は大きく育って、あたり一面に生い茂り、ふつうでは考えられないくらいたくさんの実をつけました。老女は大喜びでこの実を収穫して、家族や近所の人たちに分け与えました。いままで老女のことを馬鹿にしていた人たちも、これ以降は老女のことを見直しました。

さて、こうして老女は瓢の実を村じゅうに配りましたが、つるにはまだまだ実がなっています。

「これでは、とてもじゃないけど食べきれないわ」

と思った老女は、実のなかでもとりわけ大きなものを七、八つ選び、中身をくりぬいて空洞に

「ぎおん大まつり」より
鯰瓢（なまずふくべ）屋台

して、部屋のすみにぶらさげておきました。食べるのではなく、乾燥させて、ひょうたんにして使うつもりだったのです。それから数か月が経ちました。

確かめてみますと、例のひさごは、どれも程よく乾いてきているようでしたので、ぶらさげていたのを、ためしに取りおろしてみました。ところが、妙なことに、なかが空っぽのはずなのに、ずっしり重いのです。

「なにか入っているのかしら」

と訝《いぶか》しみながら口を切り開けてみますと、白いものが詰まっています。そこで、別の器へ移してみたところ、なんとそれは白米でした。更に驚いたことには、ついいましがた、なかの白米を別の容器へ注いで、空《から》になったはずの瓢が、知らぬ間にまた白米でいっぱいになっているのでした。繰り返してためしてみましたが、白米は際限もなく湧いて出てきました。

しかも、それは他の瓢についても同じでした。この不思議な瓢のおかげで、老女は近郷で知らぬ者のない大金持ちになったといいます。

はす——蓮

✣花は、早朝に開いて昼前には閉じてしまいます。そして、それを三、四日繰り返すと、散ってしまいます。

✣地下茎すなわち蓮根《れんこん》の断面には、十個近い穴が空いています。穴には大小がありますが、小さい穴がある方が上です。

✣極楽浄土を象徴する花として、仏教文化を語る際には欠かせない植物です。

【口上】仏教は殺生を禁じていますので、むかしの庶民は鳥獣の肉を口にすることにうしろめたさを感じつづけました。まして、鳥獣の命を奪うことには、大きな罪悪感をおぼえたものでした。このはなしには、そうしたむかしの日本人の心情がよくあらわれています。

◎**池に生じた蓮のはなし**——「**今昔物語集**」**巻第十六第三十五**

筑前国にひとりの男が住んでいました。日ごろから仏法に深く帰依《きえ》して、悪行《あくぎょう》に手を染めることは一切ないまま暮らしていました。ある年、男はこの国にある某神社の祭の世話役をつとめることになりました。男は殺生を好まなかったのですが、祭のために鳥獣や魚などの供えものを調達しなければなりません。そこで、まずは近くの池へ出向きました。水鳥を弓で射て、仕留めた鳥を回収しようとして池へ入ったところ、そのまま水中へ沈んで、二度と浮かびあがってきませんでした。

驚いた仲間が、池へ何度も潜って捜しましたが、結局、遺骸は見つかりませんでした。残された父母や妻子が嘆き悲しんだことは申すまでもありません。その夜。父母の夢枕に男があらわれました。男がほほえみながら言うことには、

「生前、殺生に手を染めず、仏の教えを守って暮らしたおかげで、私は浄土へ往生することができました。ですので、私のことで胸を痛めるのはもうやめてください。ところで、私の亡骸《なきがら》のありかをお知りになりたいですか。きっと蓮花《れんげ》が咲いて教えてくれるはずです」

翌朝、目覚めた父母は、急いで池へ行ってみました。すると、水面に蓮花の一群が生じていました。そして、その下に息子の亡骸がありました。

父母は、

「息子が浄土へ生まれ変わったことはまちがいない」

と喜び、はなしを聞いた人々は、

「なんとも奇特なことだ」

「狂斎百図」より
泥中の蓮

と尊びました。また、うわさを聞きつけ、あちこちから大勢の僧たちが池のほとりへやって来て念仏を唱え、男の菩提をとむらいました。ちなみに、この池には、むかしは蓮など生えていませんでした。ところが、男の亡骸が見つかって以降は、池一面を覆うほどに蓮が生え茂りました。きっと、亡骸を覆っていた蓮の種から育ったものなのでしょう。じつに不思議な出来ごとです。

ひらたけ——平茸

✣温帯の山林にみられるキノコで、世界中で食べられています。

✣日本各地で栽培されていますが、主産地は茨城県、新潟県などです。

✣何重にも重なって塊状に生えるので、ひとかたまりで十キロくらいに達することも珍しくありません。

【口上】むかしから「立つ鳥、あとを濁さず」といって、立ち去る者はあとから来た者に見苦しいと思われないように、万事きちんと始末していくべきだということが言われます。ただ、最近ではそれをちゃんと出来ない人間が増えています。

一方、このはなしでは、人身ではないあるものが、よいお手本を見せてくれていますから、注目してみてください。

◎**挨拶をして去った法師たちのはなし**――「宇治拾遺物語」巻第一第二

むかし、丹波国篠村では、平茸が異常なほど豊作でした。村人たちは日々せっせと食べていましたが、とても自分たちだけでは食べきれず、近隣の村々にまで配って歩くほどでした。

さて、そんなある日、村の長《おさ》の夢枕に、頭髪がぼうぼうに伸びかかった法師たちが二、三十人ばかり固まってあらわれました。

なかの一人が言うには、

「われわれは、長年、この村のために自分たちなりに尽くして参りましたが、そろそろこの村とのご縁が切れる時期となりました。ついては、われわれは別の村へ移り住もうと存じます。つきましては、なにも申し上げずに去るのも失礼ですので、こうしてひと言、ご挨拶申し上げる次第でございます」

長は、ここではっと目が覚めました。

「いったい、あの夢はなんのことだろう」

といぶかしがって家族に夢のはなしをしてみますと、驚いたことに、妻も子どもたちもみんな、同じ夢を見たというのでした。そればかりか、やがては、里の全員が同じ夢を見たことがわかってきました。

「おかしなこともあるものだ」

と人々が首をかしげるうち、その年も暮れました。さて翌年の秋。例年通り、村人たちが平茸狩りのために山へ入ってみましたが、ただのひとつも見つかりませんでした。

「これはまた、どうしたことだ」

と村人たちは頭をかかえました。なお、このいきさつを耳にした僧、仲胤《ちゅういん》は、

「『布施だけを目当てに説法する不届きな法師が仏罰にあたり、平茸に転生する』というはなしなら、仏典に載っておる。しかし、平茸が法師へ化身するはなしは、このわしも初耳じゃわい」

と目を丸くしたそうです。

「梅園菌譜」より
平茸によく似た
毒キノコ、月夜茸

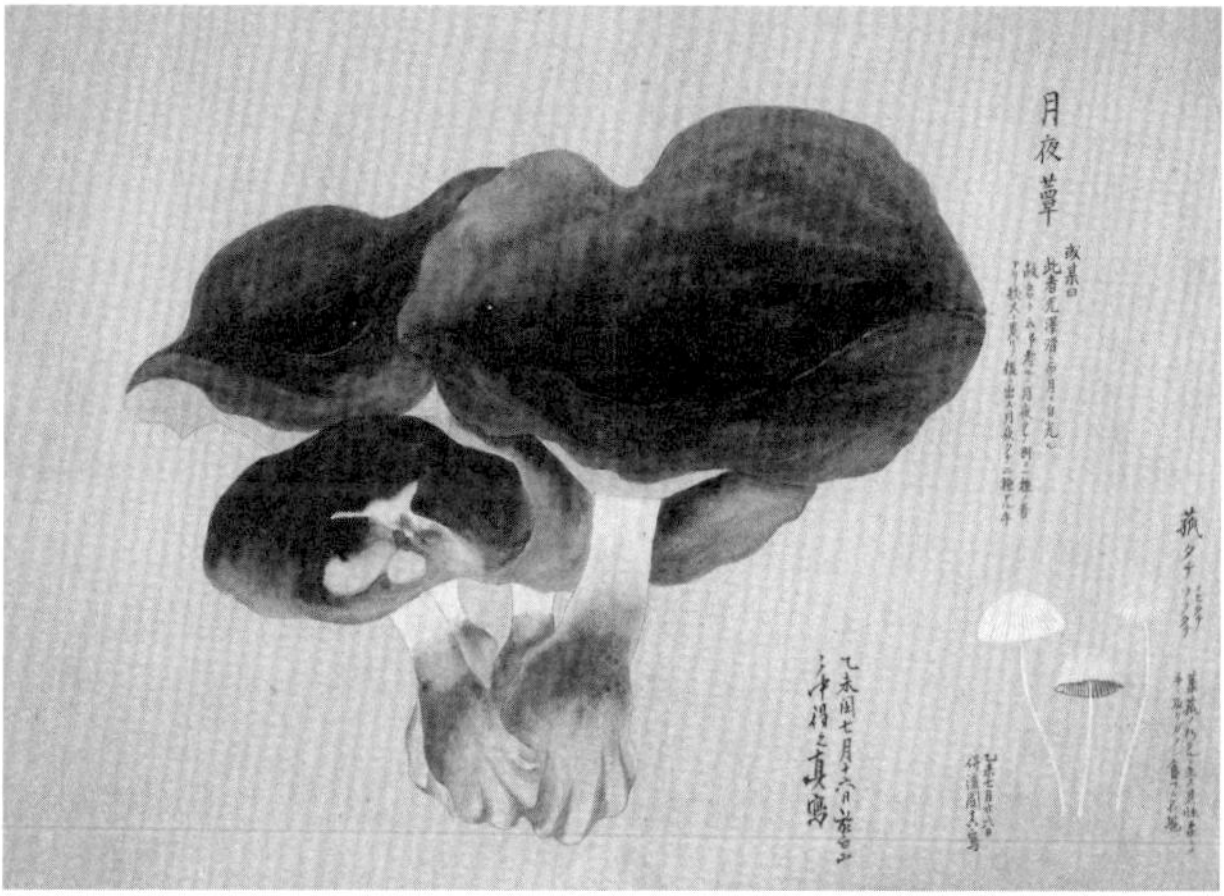

岩崎灌園「本草図譜」より
苦瓜

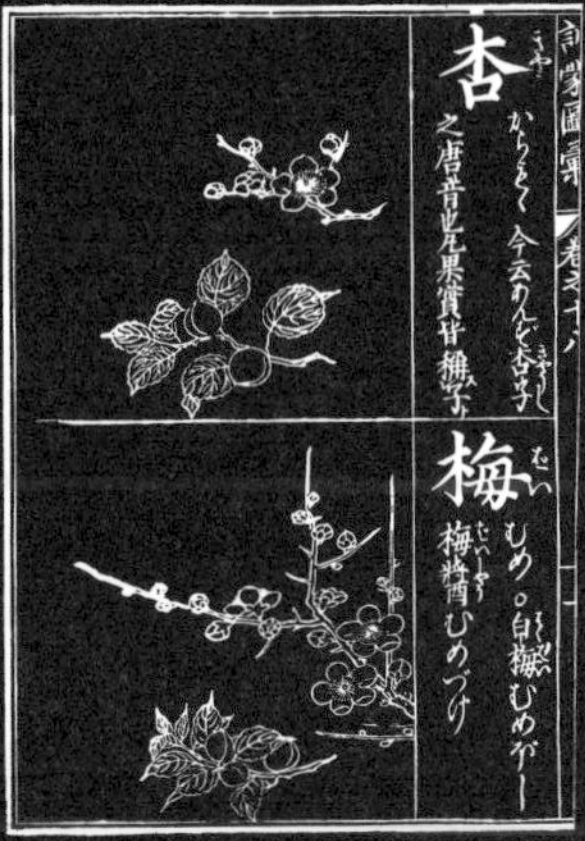

中村惕斎「訓蒙図彙」(1666)より

果樹の章

うめ――梅

✣「松竹梅」のひとつとして、日本ではおめでたい植物の代表例になっています。
✣白梅は奈良時代に中国から日本へもたらされたようです。紅梅の伝来はすこし遅れて、平安時代に入ってからと言われています。
✣「梅に鶯《うぐいす》」の取り合わせは有名で、古くから和歌や絵画の題材として、さかんに採りあげられています。

【口上】人の好みも、十人十色です。

ある人が夢中になるモノやコトが、他の人の目にはつまらなく見える。そんなことも珍しくありません。

ともあれ、なにかを好きになって夢中になること自体はもちろん素敵なことなのですが、度を過ぎると、思わぬ悲劇を巻き起こす場合があります。

このはなしの娘さんも、その典型です。

◎紅梅を愛した娘のはなし――「今昔物語集」巻第十三第四十三

むかし、西の京に裕福な家があり、優しい父母に可愛がられて暮らす娘がいました。娘は美しく、気立てもよく、和歌も箏《こと》も達者でしたので、両親の自慢でした。さて、この屋敷の庭にはさまざまな木々や草花が植えられていて、四季おりおり、色とりどりの花が咲き乱れていたのですが、どうしたわけか、娘は他の花には目もくれず、紅梅にだけ夢中になったのでした。

花が咲くころになりますと、朝早くから紅梅の樹の下へ立ってうっとりとながめ続け、夜になっても家のなかへ入ろうともしませんでした。また、花が散るころになりますと、落ちた花びらを拾い集めて塗り物の蓋に乗せ、いつまでもその香りを愛《め》でました。さらに、花が枯れてしまいますと、それを取り集めて薫物《たきもの》に混ぜ、匂いを楽しんだのでした。

ところが、そうこうするうち、娘は体調をくずし、起きあがれなくなりました。やがて重体におちいり、両親の看病もむなしく、世を去りました。両親のなげきやかなしみは、ことばでは言いつくせませんでした。ふたりは庭の紅梅を見ては、生きていたころの娘のことを思い出して、涙に暮れました。

そのうち、いったい、いつのころからでしょうか、紅梅の樹の下に、小さな蛇がわだかまるようになりました。ただ、そのこと自体、特別なことではないので、だれも気にとめませんでした。

翌年の春になりますと、紅梅の樹の下に、去年と同じ蛇があらわれました。樹にからだを巻きつけて離れようとせず、花が咲き終わって散ると、花びらを口に含んで運び、ひとところへ集めたのでした。両親はこれを見て、

「さてはこの蛇は、亡くなった娘の生まれ変わりなのだろう」

とは思いましたが、同時に、

「それにしても、あれだけ可愛かった娘が蛇に生まれ変わるとは、かわいそうで仕方がない」

と嘆き悲しみました。その後、両親は、尊い僧を数人招いて、紅梅の樹の下で、法華八講《ほっけはっこう》という法会をいとなみました。もちろん、娘の菩提をとむらうためです。例の蛇は樹の下から離れず、第一日目からじっと講を聴いていました。そして、第五日目。僧、清範《しょうばん》が講師となり、法華経の第五巻に書かれた竜女成仏のくだりを語りはじめますと、庭にいた者は、あまりのありがたさに、みんな涙を流しました。

例の蛇はといいますと、樹の下で死んでしまっていました。

さて、その日の夜、父親は不思議な夢を見ました。

亡くなった娘が、ひどく汚れた着物を身にまとい、嘆き悲しみながら独り立っていました。そこへ尊い僧があらわれ、着物を脱がせてやると、娘のからだは金色に輝きはじめました。そ

「伽婢子」より
梅の妖精の事

して、僧から美しい衣と袈裟《けさ》を授かると、僧に連れられ、紫色の雲に乗って、空のかなたへ飛び去って行ったのでした。

人々はこれを聞き、

「法華経の功徳によって蛇身を離れ、成仏して浄土へ向かったのにちがいない」

と口々にうわさしたそうです。

もも――桃

✣中国などの伝説では、不老長寿を象徴する実として尊ばれる桃ですが、樹木としてみた場合、どちらかというと短命ですので品種は少ないです。それにくらべますと、梅は長命ですので、多くの品種がつくり出されています。

✣皮の表面にごく細かい毛がびっしり生えている種と、毛のない種があります。また、果肉の黄色いものは、主に缶詰にされます。

✣皮がきれいにむけないときには、ぬるま湯に漬けると、むきやすくなります。

【口上】「桃太郎」の昔ばなしが典型ですが、桃の果実は、鬼と縁が深いです。

「桃太郎」より

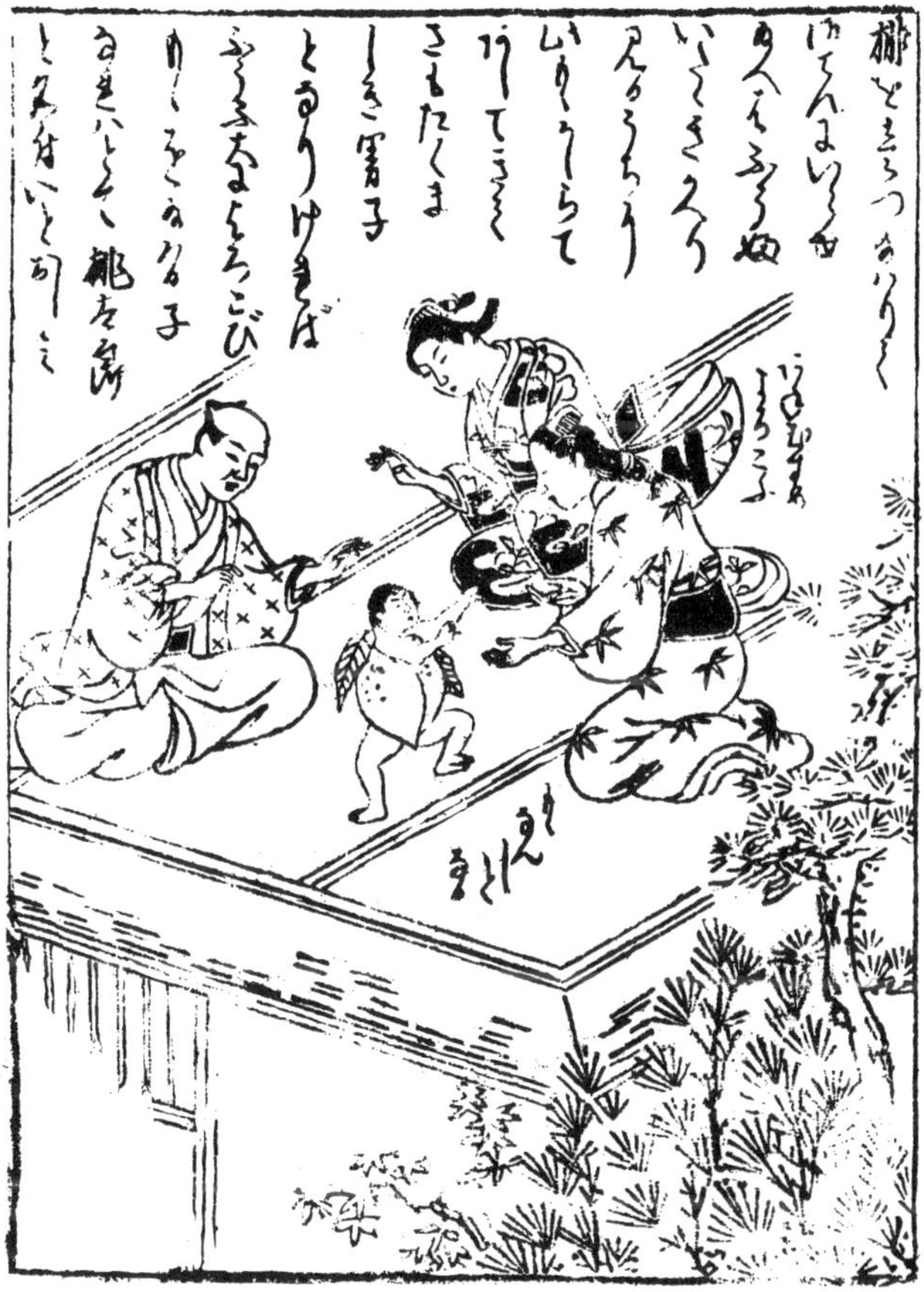

ただし、縁が深いといっても相性がいいどころか、その逆で、鬼を退散させる霊力、魔除けのパワーを持っていると考えられてきました。さあ、このはなしの場合には、どのタイミングで切り札の桃が使われるでしょうか。

◎鬼に追いかけられた神さまのはなし――「古事記」上巻

伊耶那岐命《いざなぎのみこと》は、死んだ妻、伊耶那美命《いざなみのみこと》恋しさに黄泉《よみ》の国を訪ね、再会を果たしました。その帰り道、妻からかたく禁じられていたにもかかわらず、つい振り返って、妻の変り果てた真実の姿を見てしまいました。妻は怒り狂い、

「あれほど言ったのに、振り向いて私の秘密の姿を盗み見るとは、許せない。思い知らせてやるから、覚悟しなさい」

と叫んで、黄泉の国の醜女《しこめ》を追っ手として差し向けました。命は逃げながら、自分のかもじ（添え髪）を取って投げました。すると、たちまち山ぶどうの実がなりました。醜女は立ち止まってがつがつ食べています。その間に命は走り進みました。やがて山ぶどうを食べ尽くすと、醜女はふたたび追いかけてきました。そこで、命は今度は右のかづらに挿していた櫛《くし》の歯を折り取って、投げ捨てました。すると、にょきにょきとたけのこが生えました。醜女が一本一本抜い

「五百八十七」より
西王母の桃

ては食べているうちに、命は先を急ぎました。たけのこを食べ尽くすと、醜女はまた追ってきました。そればかりか、妻は追加の追っ手まで差し向けてきたのです。命は腰の刀を抜いて、後ろ手にそれを振りかざしながら威嚇《いかく》しましたが、追っ手たちはあきらめませんでした。そのうちに、坂本という地に至り着いたので、命は坂のふもとに生えていた桃の木から実を三つもいで、それで迎え撃ったところ、ようやく追っ手は元の場所へと逃げ帰って行きました。

命は、桃の実に向かい、

「今日、私を助けてくれたように、今後は、他の人たちの窮地《きゅうち》も救ってやっておくれ」

と申し渡しました。

くり——栗

✣熟した栗のイガは、たいていは四つに割れて実を落とします。

✣干した栗の実を搗《か》いて(臼杵《うすきね》でついて)渋皮などを取り除いたものが「搗ち栗」です。この音が「勝ち栗」に通じることから、勝負に勝つ縁起物とされます。

✣栽培品種の方が、山野に自生するものより、総じて実が大きいです。

「今様噺猿蟹合戦」より
栗の化身（左上）

【口上】「両雄ならび立たず」ということばがありますが、いつの時代でも、なんの世界でも、ライバルというのはいるものです。もちろん、それゆえにお互いが切磋琢磨《せっさたくま》して技量が上がるというメリットもあるのですが、相手を意識しすぎて、対抗心が憎しみに変わると途端に、はなしが生ぐさくなってきます。

◎栗を煮る僧のはなし――「今昔物語集」巻第十四第四十

嵯峨天皇の御代《みよ》。山階寺《やましなでら》の修円《しゅえん》という高僧は、日々、天皇のおそば近くに仕えていました。

ある時、天皇が目の前にあった生栗を指し、

「茹でて持ってきてくれ」

と命じました。言われたおつきの者が調理のために持ち去ろうとしますと、修円がおしとどめ、

「台所の火で煮ずとも、愚僧が修法の力で茹であげてご覧に入れましょう」

と申し出ました。

そこで、塗り物の蓋《ふた》に栗を乗せ、修円の前へ置かせたところ、修円はさっそく加持祈祷をはじめました。すると、驚いたことに、栗はみるみる茹であがりました。しかも、おそるおそる食

べてみますと、これがことのほか美味《うま》いのです。帝は驚き入って、修円を尊びました。

さて、それからしばらくの後、空海という高僧が帝のおそば近くへ上がりますと、帝は修円のことばかり誉めそやしていました。帝から栗の一件を聞いた空海は、こう言いました。

「うかがいましたところ、修円殿はたいそうな法力の持ち主のようでございますね。いかがでしょう。今度は、私がおそばにおります際に、同じように修円殿に栗を茹でるよう命じていただけませんか」

帝は空海の真意をはかりかねながらも、とりあえず言われたとおり修円を召し出し、栗を置いて、修法で茹でさせてみました。修円は、お安い御用とばかりに加持祈祷をはじめましたが、いっこうに効き目がありません。何度も何度も精魂こめて祈り上げましたが、今日に限って栗は生のままでした。修円の面目はまるつぶれでした。修円が、

「これはどうしたことだ」

と首をかしげているところへ、脇から空海が姿をあらわしました。修円はこれを見て、

「さては、こいつが陰で加持をして、おれの法力を抑えていたのにちがいない。だから、栗が茹であがらなかったのだ」

と悟りました。それからというもの、修円は空海を深く恨むようになりました。帝に使える

ふたりの高僧の仲は、険悪そのものになってしまったのでした。

なし――梨

✣「梨の実」の「なし」の音が「無し」につながって縁起が悪いというので、しばしば「ありの実」と言い替えられました。

✣果実はじつは消化に悪いのですが、その反面、便通促進効果は期待できます。

✣鳥取県の県花に指定されています。

【口上】現在の大都市では、鉄橋やコンクリートの橋が一般的ですが、むかしはたいてい、木か石の橋でした。しかも、大木や巨石を川に架け渡しただけの簡素なものが多かったのです。長年、そこを大勢の人間や牛馬や荷物が行き来したのですから、橋にかかる荷重は相当な大きかったことでしょう。音《ね》を上げる橋が出てきても、不思議ではないのかもしれません。

◎悲鳴をあげる橋のはなし――「日本霊異記」中巻第二十六

聖武天皇の御代《みよ》。大和国吉野郡のとある里に橋があり、そのたもとに梨の木が生えていました。ある時、この木が切り倒されたのですが、どうしたわけか、一年以上も放置され、そのあげく、近くの秋河《あきかわ》という川に、橋代わりに無造作に架け渡されました。

それから歳月が流れ、その間、大勢の人や牛馬がそこを踏み渡って往来していました。ある日、この里を広達禅師《こうたつぜんじ》が訪れ、この橋を渡りはじめました。

すると、橋の下の方から、

「ええい、痛くてたまらぬ。そんなに強く踏みつけないでくれ」

という声がしました。驚いた禅師は、橋の端に手をかけ、伸びあがるようにして橋の下側を覗《のぞ》きこみました。すると、橋として使われているこの木が、ただの倒木ではなく、造仏のために伐《き》り出されたものだとわかりました。禅師はさっそくこの木を清浄な場所へ運び移すと、丁重に礼拝して誓願を立てました。

「仏縁に導かれて、今日このようにしてあなたさまとめぐりあうことができました。かならずや仏のお姿へ刻んで差しあげます」

そうして禅師は、その木をゆかりある地へ移し、人々から喜捨を募《つの》って供養の品々を集め、みずからは阿弥陀仏・弥勒仏・観世音菩薩などの諸像を彫りあげました。

それらの仏像は、いまは吉野郡越部村《こしべむら》(現在の大淀町)の岡堂に安置されています。

かき——柿

✣甘柿の果肉は硬いですが甘く、渋柿の果肉は柔らかいけれども渋いです。

✣葉にはビタミンCなどの薬効成分が含まれていますので、風邪予防や貧血改善などに効果があると言われています。

✣干し柿の表面につく白い粉はしみ出したブドウ糖で、甘いです。

【口上】世の中、臆病な人はいます。すぐに早合点する人もいます。臆病で、しかもすぐに早合点する人だったら、世渡りしていくのは、なかなか大変でしょう。

ただ、このはなしのなかの法師の場合、「大変」のひと言では済まされない羽目におちいります。

「さるかに合戦」より

◎臆病《おくびょう》な法師のはなし——「古今著聞集」巻第十二

秋の終わりごろに起きたはなし。ある夜、さる屋敷に強盗が入りました。見張り役のなかに、弓矢をたずさえた法師がいたのですが、この法師の頭の上へ、庭の熟した柿の実が落ちて、ぐちゃりとつぶれました。そうとは知らない法師が、つるつる頭を手でさわってみたところ、冷たいものでべっとり濡れていましたので、てっきり射られて血が出ているものと早合点してしまいました。法師は、

「おれの命も、もうこれまでだ」

と覚悟を決め、近くにいた仲間に、

「頭を射られて、深手を負った。おれはもう駄目だ。これ以上、苦しまずに済むように、いまのうちにおれの首をはねてくれ」

と頼みこみました。言われた仲間が法師の頭をまさぐってみますと、たしかに赤い血のりのようなものでべっとり濡れています。しかし、仲間はあきらめず、

「このくらいの傷で弱音を吐くな。おれがここから連れ出してやるから心配するな」

と励ましました。ところが、肝心の法師が、

「いやいや、おれはもう長くはもつまい。早く首を斬ってくれ」

と言い張るものですから、仲間もあきらめて、しぶしぶ法師の首を斬って落とし、その首を持って屋敷から逃げ去りました。

さて、後日。仲間の男は、布で包んだ法師の首を妻子のもとへ届け、最期の様子を話してやりました。妻子は号泣しながら、首をあたらめてみました。

しかし……。頭には射られた跡がありませんでした。不審に思った妻子は、

「頭に矢傷はございません。としますと、あの人はからだの別の場所を射られて死んだのでしょうか」

と男に問うてみましたが、男が言うには、

「いえいえ、それはなかったと思います。故人は最期の瞬間まで、頭を射られたとおっしゃっておられました」

これを聞いた妻子は、

「ならば、首を落とす必要などなかったのに……」

と嘆き悲しみましたが、もはや後の祭りでした。

臆病というのは、じつに始末の悪いものです。

こうじ――柑子

✣ウスカワミカン(薄皮蜜柑)とも呼ばれます。味は、私たちが一般に「みかん」と呼びならわしている「ウンシュウミカン(温州蜜柑)」よりもやや酸っぱいです。

✣寒いところでも育ちますので、山陰・北陸地方でも栽培されています。

✣正月の注連縄《しめなわ》などに使われることも多いです。

【口上】TPO(時・場所・場合)がぜんぶそろったところで実力を発揮するのは、だれにでもできそうです(もちろん、そもそも実力があることが大前提ですが)。しかし、思わぬタイミングで、思わぬ場所で、思わぬ状況下でもなお、ふだんの力を出しきれる人は、ごく少数でしょう。ある意味、そうした人こそ、本当に優秀だと言えそうです。平素から底力をつけておくことがたいせつです。

◎機転をきかせた雅定《まささだ》のはなし――「古今著聞集」巻第十八

右大臣、源雅定《みなもとのまささだ》が、鳥羽院の酒宴にまねかれたときのはなし。

その折、鳥羽院と雅定の前には、酒や肴《さかな》はもちろん、いろいろな果物の盛り合わせが据えられていました。宴が進むうち、鳥羽院は興がのったのか、みずから笛を取り出して、「胡飲酒《こんじゅ》」という曲を吹きはじめました。胡飲酒とは舞楽のひとつで、胡国の王が酒に酔ったさまを舞であらわした曲です。もちろん、その場は酒宴ですから、舞楽のための装束も小道具もありません。そこで雅定は機転をきかせ、目の前にあった柑子を箸にさして小道具の桴《ばち》がわりにして、秘伝の舞手を繰り出し、みごとに舞いおさめたといいます。まことに趣深《おもむき》い出来事でした。

たちばな——橘

✣日本固有の野生柑橘《かんきつ》類です。

✣「左近の桜、右近の橘」といって、古くから京都御所の庭に植えられてきました。

✣文化勲章は橘を意匠に使っています。

【口上】手足がなく長い胴体をうねらせて這い進むからか、長い舌をチロチロ動かすからか、大きな口を開けてかみつくからか、理由はよくわからないのですが、蛇を嫌う人は多いです。進化の過程でいまのような姿かたちや生態に行き着いたのでしょうに、むやみにうとまれてしまっており、気の毒なはなしです。

　このはなしのなかでは、どうでしょうか。

◎愛された橘の木のはなし――「今昔物語集」巻第十三第四十二

京都の六波羅蜜寺の僧、講仙《こうせん》は仏法を熱心に学び、心おだやかに臨終を迎えました。彼の生きざま、死にざまを見た人たちは、

「あのように立派な人でしたから、きっと極楽へ往生なさったにちがいない」

と思っていました。ところが……。しばらく経ったある日、ある男に死者の霊がとりつき、こう述べました。

「私は、六波羅蜜寺の講仙です。生前、庭に橘の苗木を植えました。年月が経つと、木はぐんぐん大きくなり、美しい花を咲かせ、かぐわしい実をたくさんつけてくれるようになりましたので、朝晩、けんめいに世話をして、なお一層かわいがりました。しかし、その気持ちが強すぎて、いつしか執着心へと変わってしまったため、死後、極楽へは行けず、蛇道へ堕《お》ちてしまったのです。

　どうか、法華経の写経をおこない、あわれな私をお救いください」

これを聞いた寺の僧たちが橘の木のところへ行ってみますと、三尺ほどの長さの蛇が木の根に巻きついていました。

「あの霊が言っていたことは本当だった。この蛇こそ、講仙の生まれ変わりなのだ」

と僧たちは嘆き悲しみ、協力して法華経を書写し、供養をおこなってやりました。すると、その夜、ひとりの僧の夢枕に講仙が現れました。僧衣をつけて、笑みをたたえた講仙は、

「みなさまの功徳のおかげをもちまして、蛇道を離れ、浄土へ往生することができました。ありがとうございました」

と告げました。僧はそこではっと目覚めました。急いで橘の木のもとへ行ってみますと、小蛇はすでに死んでしまっていました。ささいなことにでもひとたび愛執《あいしゅう》の心を抱くと、このようなことが起きるものなのです。

ゆず——柚

✣果皮に芳香があります。とくに夏季の青い皮は香りが強く、日本料理に好んで用いられます。

✣果汁は多い方です。比較的大きめの種があります。

✣生長は遅いですが、耐寒性があり、病気にも強いです。

【口上】料理は家事のひとつと思われがちですが、じつはそうではなく、ひとつの立派な技芸です。美味しい料理をつくりあげるまでに繰り出される種々の技は、まさに職人芸であって、素人が簡単にまねできるものではありません。

このはなしのなかの料理人も、妙技を発揮しています。

◎**切られた柚のはなし**――「**古今著聞集**」**巻第十八**

ある日、藤原実教《さねのり》は、梶井宮《かじいのみや》（後白河法皇の皇子）の屋敷で行われた酒宴に顔を出していました。

座も終わりに近づいたため、実教が、

「そろそろ柚を頂戴したいものですな」

と所望したところ、さっそく目の前へ供されました。すると、ある者が、

「柚は八切《はちきれ》れ、柑子《こうじ》は七切《ななきれ》れに切るものだ」

とつぶやきながら、ことばどおり、柚を八つに切り分けました。

実教は内心、

「古今著聞集」より
切られた柚のはなし

「こやつ、ぶざまに切りおって……。せっかくの柚が台無しじゃ」

と思いましたが、あえて口には出しませんでした。梶井宮もそれをご覧になり、同じように思われましたが、やはりなにも言いませんでした。

しばらくしますと、実教が、料理の名手と言われている某を呼び出しました。

「そこにある柚を切ってくれ」

と命じたところ、某は古来の作法どおりに切って供しましたので、梶井宮をはじめとする一同は、

「柚の切りようは、やはりこうでなくては……」

とおおいに喜びました。さて、なぜ一同が喜んだかといえば、某が柚を三つに切ったからでした。

むかしから、柚は酒宴がたけなわになったのを見はからって三つに切るのが定法《じょうほう》だったのです。この時、酒盃を手にした人は、三杯飲むのが決まりでした。

柚を切るのを見ながらまず一杯、切った柚を盃に入れて一杯、残りの柚を食べて一杯、こうして全部で三杯、というわけでした。もちろん、実教も作法どおりに三度飲みました。じつに立派なことでした。

さくら——桜

✣日本文化を代表する花のひとつとして親しまれていて、府花や県花に指定されているケースもあります。例えば、京都府のシダレザクラ、奈良県のナラノヤエザクラなどです。

✣花見と聞いて多くの人が連想するソメイヨシノですが、他の品種にくらべて花期がひじょうに短く、せいぜい一週間といったところです。

✣葉には芳香がありますので、桜餅《さくらもち》を作るのにも用いられます。

【口上】その社会の有名人や重要人物のなにげないことばや行動によって、思いもかけない大騒動が巻き起こることは、いまもむかしも珍しくありません。ましてや、事を言い出した主が皇后であったりしたら、たとえそれが無理難題であっても、周囲の人たちはしぶしぶ従うのが普通でしょう。ところが、なかには、このはなしに登場する僧のように、命がけで拒もうとした者もいました。さて、両者の対決の結末や、いかに……。

◎奈良の都の八重桜のはなし――「沙石集」巻第七ノ四

「奈良の都の八重桜」とうたわれる桜の銘木は、いまも奈良興福寺の東円堂の前にあります。

この桜については、こんなはなしが伝わっています。むかし、ときの皇后がこの桜を所望し、興福寺の別当に命じ、掘り取って献上するように命じました。もちろん、興福寺側は不本意だったのですが、なにせ相手は皇后なので、命令にさからうわけにもいかず、いよいよ、いまから木を掘り取って、荷車に乗せようということになりました。すると、ちょうどそこへ、興福寺の僧のひとりが通りかかりました。そして、その場にいた者から事情を聞くや、

「世に名高い銘木をこのように無造作によそへやってしまおうとは、別当はなにを考えているのか。無粋なこと、きわまりない。いくら皇后の命令とはいえ、こればかりは従うわけにはいかん」

と激怒し、ほら貝を吹いて仲間を集めました。仲間にわけをはなしたところ、みなもたちまち同調し、

「こんな不当な決定を下す別当は、寺から追い出してしまえ」

といって大騒ぎになりました。例の僧は、

「この件は私ひとりが責任をとる。どれだけ重いおとがめであれ、騒動の張本人の私が受けれ

「百人一首図会」より

「いにしへの 奈良の都の 八重桜
今日九重に 匂ひぬるかな」(伊勢大輔)

ば済むはなしだ」

と覚悟を決めていました。さて、この騒ぎは、すぐに皇后の耳に入りました。皇后は、「いままで、奈良の法師たちはもののあわれを知らぬ者の集まりと思っていましたが、そうでもないのですねえ。情趣に富んだ心根ですこと」

と感心し、桜の召し上げをとりやめました。そればかりか、伊賀国与野《よの》にある荘園を興福寺に寄進して、そこから上がる収入を桜の世話に充てるように言い渡しました。さらには、花の盛りの七日間は、宿直の番人を置いて、桜の木の警備をさせたといいます。ちなみに、与野の荘園は、いまでも興福寺領のままです。

「枯木花咲かせ親仁」より

岩崎灌園
「本草図譜」より
蜜柑

中村惕斎「訓蒙図彙」(1666)より

香木の章

ひのき――檜

✣ヒノキは、日本のほかには台湾にしか分布しません。

✣建材として古くから重宝されているほか、樹皮は「檜皮葺《ひわだぶき》」といって、屋根を葺《ふ》くのにも用いられます。

✣ヒノキ花粉は、スギより少し遅れて三～五月に飛散のピークを迎えます。花粉症で苦しむ人には、つらい時期です。

【口上】弘法大師伝説は日本じゅうに分布しており、その総数はだれも知らないほど多いのですが、大師が唐で修行していた時代の逸話はごくわずかしか伝わっていません。

このはなしのなかでも、唐時代の大師の逸話はちらりと登場するだけです。高野山の由緒《ゆいしょ》を物語るのに欠かせない逸話ですのに、もどかしいことです。

◎二股《ふたまた》の檜のはなし――「今昔物語集」巻第十一第二十五

弘法大師は老齢に達して、思うことところがありました。

「若いころ、唐にいた折に投げた三鈷《さんこ》(仏法の道具で、杵《きね》の形をしていて両端が三つに分かれているもの)が、この国のどこへ落ちたのか、いよいよ捜す時期が来たようだ」

そこで、都を離れ、大和国宇智郡《うちのこおり》の山中へ分け入ったところ、一人の猟師に出会いました。猟師は背丈が八尺ほど、筋骨隆々で、顔は赤く、青い衣を着ていました。そして、黒犬を二匹連れていました。猟師は言いました。

「あなたはいったいどちらのお坊さまですか。なぜこんな山中に?」

大師は答えました。

「私は、むかし唐におりましたとき、三鈷を空へ投げ、『瞑想して修行するのに適した霊地へ落ち、われにその場所を示されたし』との誓願を立てたのです。その三鈷の行方を捜して、この地まで来たのです」

すると猟師は、

「私は、南山《なんざん》に住む猟師です。その場所なら存じあげています。この犬たちに案内させましょう」

と言って、犬たちを放ちました。二匹は、いずかたかへ走り去って行きました。大師はそこから紀伊国の国境《くにざかい》の河まで進みました。その地に泊まっていますと、ひとりの山人《やまびと》があらわれました。

大師が、猟師に会ったときと同じように事情を話しますと、山人は、

「ここから南へしばらく行かれますと、平坦《へいたん》な沢に出ます。そこがあなたの求めておられる場所ですよ」

と明かしました。明朝、山人は大師をその地へ案内してくれました。途中、山人は、

「じつは私は、この山の地主神です。あなたには、この領地を差しあげましょう」

とささやきました。二人が山奥へ入って行きますと、鉢を伏せたような大きな峰を八つの小さな峰が取り囲んだ場所へ行き着きました。そこには、だれも見たことのないような檜の巨木が、竹林のように並び立っていました。そのうちの一本をよく見てみますと、太い幹の途中が二股に分かれていて、その割れ目に、大師がむかし投げた三鈷が突き立っていました。大師はこれを見て、

「ここそ、求めていた霊地だ」

と、感激に身をふるわせました。

「ところで、そろそろあなたさまのお名前をお明かしください」

と大師が問うたところ、山人は、

「高野大師行状図絵」より
弘法大師と猟師

「私は、丹生明神《にうみょうじん》の化身です。ちなみに、あなたが前に会われた猟師は、高野明神《こうやみょうじん》の化身だったのですよ」

と言うが早いか、ぱっと消え失せてしまいました。

まつ――松

✣「松竹梅」のひとつで、むかしから、縁起のよい植物として愛されています。

✣アカマツは海岸性ですが、クロマツは内陸性です。名園の庭木にアカマツは少なく、多くがクロマツです。

✣松の実は、中国では「月餅《げっぺい》」という菓子へよく入れられます。

【口上】むかしの貴族・役人たちは、とにかく少しでも高い官位官職を欲しがり、日々、たがいにすさまじい競争に明け暮れていたようです。ライバルを出し抜くため、上官におもねったり、デマを流して相手を失脚させようとしたり、とにかく悪知恵をしぼって、あらゆる手を使いました。

それにひきかえ、このはなしのなかの松の木は、なんの策略を用いず、ありのま

「十訓抄」より
始皇帝の雨宿り

まの姿でいながら、官位を得ることが出来ました。徳がそなわった植物なのですね。

◎官位を得た松のはなし――「十訓抄」上ノ九

中国でのはなし。秦の始皇帝が泰山《たいざん》（現在の山東省にある）に出かけた際、折悪《あ》しく、にわか雨が降ってきました。

そこで始皇帝は、松の木の下で雨宿りをし、おかげで雨に濡れずに済みました。これにより、松は五位の位をさずけられ、五大夫《ごたいふ》とも呼ばれるようになりました。

ところで、夏の炎天下、木蔭で休息をとった旅人は、その礼に衣を一枚、枝にかけて出立《しゅったつ》します。また、井戸や泉で馬に水を飲ませた者は、お礼として銭を投げ入れてから立ち去ったといいます。

このように、賢い人間は、たとえ相手が心を持たず人語を解さない木石であっても、受けた恩義は恩義としてきちんと受けとめ、返礼することを欠かさないのです。

「街談文々集要」より
不思議の松

すぎ——杉

✣日本ではクスノキと並んで、巨樹になりやすい木として知られています。

✣太平洋側に生育するものを「表杉《おもてすぎ》」、日本海側に生育するものを「裏杉《うらすぎ》」といいます。

✣日本でのスギ花粉の飛散は毎年二～四月ごろですので、スギ花粉症の患者はこの時期に激増します。

【口上】神仏を信心すること自体は、もちろん悪いことであろうはずもなく、きわめて尊いことです。しかし、長い間、信仰するうち、自分でも気づかぬうちに最初のころの純粋さが失われて、ややもすると、たんなる習慣になってしまう場合があります。

このはなしのなかの法師は、そのいい例でしょう。

◎杉の梢で叫ぶ聖《ひじり》のはなし——「宇治拾遺物語」巻第十三第九

美濃国伊吹山《いぶきやま》の山中に、長年、修行にあけくれる聖がいました。阿弥陀仏の信仰にのみ心をく

杉の梢の聖
「宇治拾遺物語」より

だき、朝夕、ひたすら念仏を唱えて過ごしていました。

ある夜ふけのこと。聖がいつものように念仏を唱えていますと、虚空から大きな声が響いてきました。

「なんじは、われを長年、じつに熱心に信仰しておる。唱えた念仏も、かなりの数にのぼった。ついては、明日の昼過ぎ、お前に迎えの者をつかわす。よいな、念仏を怠ることなかれ」

聖はおおいに喜び、水を浴びてからだを清め、香をたき、花をまき、弟子たちとともにいままで以上に熱心に念仏を唱えて、仏の来迎《らいごう》を待ちました。さて、約束の刻限になりますと、西の空にきらりと光るものが見えました。

しかも、次第に近づいてきます。よく見ますと、それは金色に輝く観世音菩薩でした。あたりは光に包まれ、美しい花々が降りそそぎました。聖は、促されるまま、観世音菩薩の指す蓮の台座によじのぼりました。

すると、紫の雲が観世音菩薩や聖を包み、西の空のかなたへと飛び去っていきました。坊舎に残された弟子たちは、涙ながらに、師匠である聖の菩提をとむらいました。さて、それから七、八日も経ったころ。坊舎の下人たちが、僧たちの風呂を沸かす準備をしようと、薪を取りに奥山へ分け入りました。

すると、瀧におおいかぶさるようにして生えている杉の木の梢から、人間の叫び声がします。見上げてみますと、そこには極楽へ行ったはずの聖が、つる草の縄でもって、はだかで縛りつけられていました。

そこで、木登りの上手な者が何人か急いで上へあがり、縄をほどこうとしたところ、聖は感謝するどころか、下人たちを口汚なくののしりました。

「ばかものめ。『しばらくしたら迎えに来るから、ここで待っておれ』と仏さまがおっしゃったのに、勝手に縄をほどくでない。下がれ」

呆れた下人たちが、そのことばを無視して、いま一度縄をほどこうと手を伸ばしますと、聖は、

「阿弥陀さま、阿弥陀さま、お助けくだささい。わしを殺そうとする者がおります」

とわめきたてました。聖は、完全に正気を失っていたのでした。

下人たちは、暴れる聖をおさえて縄をほどき、坊舎へ連れ帰りました。事情を聞いた弟子たちは、

「なんと情けないことだ」

と嘆きあいました。聖は正気に戻らぬまま、数日の後に死んでしまいました。天狗に化かさ

れたあげくの悲劇でした。

かつら――桂

✣街路樹などとして植えられるカツラ科の高木「桂」を指す場合もありますが、このはなしの「桂」は、クスノキ科のシナニッケイなどを指します。

✣シナニッケイは、別名を「カシア」といいます。高さ一五メートルくらいまで成長することがあります。

✣樹皮を乾燥させたものは「桂心」あるいは「桂皮《けいひ》」と呼ばれ、発汗・解熱・鎮痛などの薬効があります。一般に皮の分厚いものが良質とされています。

【口上】ものを知らないということは、惜しいことです。知らないというだけで、おおいに損をしているということが、しばしば起こり得ます。

身近にあって、いままでなにげなく見過ごしていたものが、じつはたいへんに値うちのあるものだったら……。それを教えてくれる人に恵まれるかどうかが、運命の分かれ道ですね。

「和漢三才図会」より
肉桂

◎なにごとも見のがさない僧のはなし――「今昔物語集」巻第二十四第十

むかし、九州に、中国から渡ってきた長秀《ちょうじゅう》という僧がいました。なかなかりっぱな僧であり、中国では医師としても手腕を発揮していたということで、京へ召し出されて、朝廷のご用を務める身となりました。

それから数年後のこと。長秀は、さる貴人の屋敷へ招かれました。ちなみに、その屋敷の庭には大きな桂の木がそびえていたので、世間ではその貴人のことを「桂の宮」と呼びならわしていました。長秀は宮と歓談中、庭の桂の梢を見上げて、こう言いました。

「桂心《けいしん》という薬は中国ばかりでなく、じつはこの国にもございます。日本のみなさんがご存じないだけなのです。証拠をお見せしましょう」

そして童子を木に登らせ、

「そことそこの枝を切り下ろせ」

と命じました。童子が言われた枝を切り集めて長秀へ渡しますと、長秀は枝を吟味して、ここぞという箇所を切り取って、宮へ献上しました。すると宮は、その一部を長秀へわけてくださいました。

そこで、長秀が拝領分を薬として処方してみたところ、驚くなかれ、中国産の桂心を上回る

効能が得られました。長秀は、

「これだけ優れた桂心が身近にあるにもかかわらず、それを知る医師が、いままでこの国に一人もいなかったとは……」

と、ひどく残念がったそうです。

したん――紫檀

✣黒檀《こくたん》などと並んで、銘木として古くから珍重されてきました。

✣木質が稠密《ちゅうみつ》で重厚なので、加工の点ではやや難ありと言えなくもないのですが、仕上がりは実に美しく、工芸用材として高い評価を得ています。

✣家具、床柱などのほか、仏壇や仏具などにも盛んに用いられています。

【口上】「一念、岩をも通す」ということばがありますが、強く念じることで長年の想いがかなったというはなしは、よく耳にします。実際にはかなわなかった例もけっして少なくはないのでしょうが、世間の人たちは成功例にばかり目がいきがちなので、「岩をも通す」ということになったのでしょう。

このはなしの男の一念は、はたしてどうなったのでしょうか。

◎法華経の箱のはなし――「日本霊異記」中巻第六

聖武天皇の御代《みよ》。山城国(京都府)に住むひとりの男が、ある時、仏法信心の誓いを立てました。法華経の写経を終え、経を収める箱をあつらえようと、方々へ使いを出して、材料となる紫檀《したん》を捜させました。すると、奈良の都にあることがわかりましたので、銭百貫文で買い取りました。男は細工師を招き、経の寸法を測らせたうえで、さっそく箱を作らせました。

ところが、そうして出来あがった箱に経を入れて見ますと、なぜか経が箱よりもずいぶん長く、なかへ入りませんでした。男はたいそう残念がりました。貴重な紫檀をいま一度手に入れるあてもありません。男は僧をおおぜい招いて法要をおこない、

「材料となる紫檀をいま一度、われに得させたまえ」

と祈りを捧げました。それから十四日も経たないころ。男は、ためしに経を箱へ入れてみました。しかし、やはり駄目でした。とはいえ、不思議なことに、箱の寸法が前より少し伸びたらしく、あともう少しできちんと収まる、という具合でした。

これに力を得た男が、さらに精進と懺悔《さんげ》をつづけて祈り、二十一日経ってから試みてみます

と、経は箱のなかへぴったりと収まりました。男はおおいに驚き、お手本にした元のお経を借り受け、自分が写してつくった新しい経と比べてみましたが、寸法は同一でした。

おそらく今回の出来ごとは、男の信心の深さを試すために、法華経が通力を発揮して起こったのでありましょう。

びゃくだん――白檀

✣香木の代表種のひとつで、インド原産です。

✣香を調合するときの中心素材です。なお、焚かなくても芳香を発するので、仏像の造像に好んで用いられるほか、数珠や扇子の材料としても重宝されています。

✣人工植林が難しい植物ですので、入手は年々難しくなっています。

【口上】口臭の原因はさまざまです。虫歯や歯ぐきの病気による場合があります。胃腸の病気のせいで、息が臭くなる場合もあります。

口づけの時、相手の息が臭いと、百年の恋もさめてしまうかもしれません。

では、逆に、息がかぐわしい香りを帯びたら、どうでしょう。

このはなしの主《ぬし》の場合を確かめてみましょう。

◎口に芳香を得た男のはなし——「今昔物語集」巻第二第十六

むかし、天竺の片田舎《かたいなか》に住む男がいました。男の妻は天下一の美女で、ふたりは仲むつまじく暮らしていました。さて、この国の王は、美しい女に目がなく、つねに方々へ家来をつかわしては、后《きさき》に迎えるべき美女を探し求めていました。ある日、王は、例の男の妻のうわさを耳にしました。王はすぐさま、男の家へ家来を送り、止めようとする男を蹴散らして、妻をむりやり王宮へ連れてこさせました。男は深く悲しみ、どこかへ姿を消してしまいました。男の妻は、聞きしにまさる美女でしたので、王は大喜びで后として迎え、毎日、ごちそうを食べさせ、豪華な衣裳を着させ、ぜいたくざんまいの日々を送らせました。ところが后はいっさい笑顔を見せず、暗い表情のままで暮らしました。ある日、王はたずねました。

「后よ。いったい、なにが不満なのだ。わしはこの国の王だぞ。権力もあるし、金銀財宝も山ほど持っておる。そなたの以前の夫に劣るところなど、なにもないはずだぞ」

すると、后は答えました。

「確かに私の以前の夫は身分も低かったですし、お金もありませんでした。でも、あの人には、あなたに勝っていることがありました。それは、あの人は口のなかが香ばしく、その息はまるで白檀のようにかぐわしかったのです。そこがあなたとはちがいます」

王はこう言われて、おおいに恥じ入りました。そして、后のもとの夫を探し出して王宮へ連れてくるように、国じゅうにお触れを出しました。数日しますと、后が突然、

「ああ、あの人がまもなくここへ現れるにちがいありません。それが証拠に、なんとも懐かしい、あのかぐわしい香りがしてきましたわ」

と嬉しそうに言いました。后のことばどおり、男が王宮に近づくにつれて芳香は強くなり、王の前へ引き出されるや、あたりに白檀の香りが充満しました。王はこれを奇異に思い、日ごろから信仰している仏へお伺いをたててみました。

「仏さま、どうかお教えください。男のからだが芳香を発するのは、どうしてなのでしょうか」

すると、仏が告げたことには、

「あの男は、前世では、いやしい木こりであった。ある日、木を担いで山から家へ戻る途中で雨にあい、とある寺の門前で雨宿りをした。その時、寺のなかでは僧が香をたいて読経をして

いた。木こりはそれを見聞きして、『ああ俺も、いつの日にか、ああやって仏さまのために香をたき、経を読んで暮らしたいものだ』としみじみ思ったのだ。その功徳によって、この世では口中から香を発し、あたりは芳香に満ち満ちることになったのだ。あの男はやがて香身仏《こうしんぶつ》という仏になることであろう」

王はたいそう驚き、尊いことだと感心しました。

くす――楠

✣クスノキは、佐賀県や兵庫県などの県木に指定されています。

✣巨樹の樹種を全国的に調べてみますと、クスノキが相当な割合を占めています。

✣クスノキの枝葉を蒸留しますと、樟脳《しょうのう》が得られます。防虫剤などに用いられます。

【口上】有為転変《ういてんぺん》ということばがあります。長い年月のあいだに、人もモノも国も、その運命は目まぐるしく変わります。

このはなしのなかの仏像は、どんな運命をたどったのでしょうか。

◎生きのびた仏像のはなし――「今昔物語集」巻第十一第二十三

敏達《びたつ》天皇の御代《みよ》。河内国和泉郡の沖合から、不思議な音楽が聞こえてくるようになりました。箏や笛などの楽器を奏でているようにも聞こえるし、雷が鳴り響いているように聞こえるときもありました。

不思議だったのはその音だけではありませんでした。

夜になると、沖合のあたりが日の出のように光り輝くのでした。

そこで、栖野《すの》という男が帝へそのことを奏上したのですが、帝は信じてくださいませんでした。

つぎに皇后のお耳へ入れたところ、

「現地へ行って、その光がいったいなんなのか、確かめておいで」

とのお達しでした。男はさっそく和泉郡へ行き、浜辺に立って沖合をながめてみました。うわさは本当でした。不思議な光が見えます。船で光の方へ漕ぎ寄せてみますと、海面には楠の巨木が浮かんでいました。この巨木がなぞの光を放っていたのでした。

男は急いで皇后のもとへ戻り、

「あれは霊木にちがいございません。あの木で仏像をお作りになられてはいかがでしょうか」

と申し上げたところ、お許しが出たので、そのことを蘇我大臣《そがのおおきみ》へ伝えました。命じられた仏師が腕をふるい、しばらくすると三体の仏像が出来あがりました。

この仏像は、豊浦寺《とよらでら》（現在の奈良県明日香村豊浦にあった寺）に安置され、おおぜいの人たちが参拝におとずれました。ところが、守屋大臣《もりやのおおきみ》はこれをこころよく思わず、皇后に向かって、

「この国は神の国でありますのに、わざわざ仏像を作って拝むなど、言語道断です。どこか遠いところへお捨てになるべきです」

と申し上げました。皇后は、仏像に危険がせまっていることを察して、男に、

「あの仏像を早々にどこかへお隠しもうせ」

と命じました。そこで、男は例の仏師に使いを出し、仏像を稲のなかに隠しました。しばらくしますと、案の定、守屋大臣は火を放って寺のお堂を焼き払ってしまいました。ところが、家来にいくら捜させても、仏像は見つかりませんでした。守屋大臣は男を召し出し、

「近年、この国に災厄が絶えないのは、外国から伝わった仏を像に刻んで拝みたてまつるからだ。そのようなけがれた像は、遠くへ捨ててしまわねばならない。仏像のありかを申せ」

「聖徳太子伝図会」より
楠の霊木出現

と責めたてましたが、男は口を割りませんでした。

さて、この後、守屋大臣は謀反《むほん》をくわだてましたが、悪行《あくぎょう》の罰があたって、用明天皇の御代に討たれて死んでしまいました。守屋大臣が死んで、仏像はようやく陽の目をみることになり、吉野郡の現光寺《げんこうじ》にまつられることになりました。お堂に安置される際、仏像は光を放ったそうです。いまある阿弥陀像がそれです。なお、現光寺を別名「窃寺《ひそでら》」というのは、仏像を窃《ひそか》に稲のなかに隠した故事に由来しています。

「摂津名所図会」より
三津寺の大楠

岩崎灌園
「本草図譜」より
松

中村惕斎「訓蒙図彙」(1666)より

喬木の章—付「楮」

えのき――榎

✣樹皮が白っぽいので、遠くからでもよく目立ちます。

✣かつては一里塚に目印としてさかんに植えられましたので、数は少ないとはいえ、日本各地に榎の巨樹が残っています。

✣木へんに夏と書いて「榎《えのき》」、春と書けば「椿《つばき》」、秋と書けば「楸《ひさぎ》」、冬と書けば「柊《ひいらぎ》」です。

【口上】数人でおばけや妖怪についてはなしていますと、「アタシはそんなのは全然怖くないわ」「なんなら、俺がそこへ行って、退治してやる」と威勢のよいことを言う人が、かならずや出てきます。

その場で強がるぶんにはいいのですが、大勢の前で言った手前、引っ込みがつかなくなって、本当にばけもの退治へ出かけないといけなくなったら、大変です。へたをしたら命取りですから。このはなしの男の場合は、どうだったのでしょうか。

◎赤い衣を射た男のはなし――「今昔物語集」巻第二十七第四

むかし、京に僧都殿《どうずどの》といって、人の住まない不吉な場所がありました。この僧都殿の敷地の北西角には、榎の大木がそびえていたのですが、近所の屋敷から見ますと、夕暮れ時、僧都殿の寝殿の前から、赤い単衣《ひとえ》の着物が飛び上がって、するすると榎の梢へ登っていくのでした。なんとも不気味な光景でした。ある日の夕方。その屋敷で宿直《とのい》の番をしていたある武士が、ちょうどそれを目撃し、

「妖怪変化のたぐいか。じつにけしからん。俺が射落としてやろうぞ」

と口走ったところ、それを耳にした同輩たちは、

「お前にそんなことができるものか」

とあざ笑いました。男はかっとなり、

「そんなに疑うなら、いまからあそこへ行って、単衣を射てきてやる」

と言い放って、独り僧都殿へ乗りこみました。男は、敷地内をずんずんと進み、縁側の近くで待ち構えました。

しばらくすると、例の単衣が東側の竹の茂みからあらわれ、いつものように榎の梢へ飛んで行こうとしました。弓を引き絞って待っていた男は、その瞬間に矢を放ちました。矢は見事、単

衣の真ん中を射抜いたのですが、単衣は矢で射抜かれたまま、榎の梢まで飛び上がりました。ただ、地面をみると、おびただしい量の血だまりができていました。

男は意気揚々と仲間のところへも戻り、自分の手柄ばなしを語って聞かせました。ところが、みんなは少しも感心せず、怖がってぶるぶる震えあがるばかりでした。

男は拍子抜けしましたが、ともかくも自邸へ戻りました。そして、寝床へ入ったのですが、朝になっても目覚めず、そのまま亡くなってしまったといいます。

うるし——漆

✣中国、ヒマラヤの原産と言われています。

✣塗料としての漆の主成分はウルシオールです。この物質のおかげで、漆独特の美しい色つやが得られます。

✣漆にかぶれた時には、山椒《さんしょう》の葉をもんで塗ると効果があります。

【口上】超高齢化社会のいまとはちがって、むかしは平均寿命が短く、長生きすることがみんなの願いでした。

しかしその一方で、食料事情などが原因で、一定の年齢に達した年寄りを遠くへ追いやる国や村も少なくありませんでした。

親孝行の子にとっては、これはつらい。

そこで、苦肉の策ということで、このはなしの大臣のような人が出てきます。

◎**老母の智慧《ちえ》のはなし**——「今昔物語集」巻第五第三十二

むかし、天竺の某国では、七十歳を過ぎた老人を、他国へ追いやる決まりがありました。ところが、この国の大臣が親を敬い、たいせつに思う心が尋常ではなかったので、母が七十歳になっても他国へやることができず、ひそかに自宅の地下に穴を掘って部屋をこしらえ、そこに母をかくまって養っていました。

さて、ある時、この国に危機がおとずれました。隣国が難題をふっかけてきて、これを解かねば、兵を送って七日以内に某国を滅ぼすというのです。その難題とは、

「両方の端を同じように削り、漆を塗った木を送るから、どちらの端が根元でどちらが梢の方か答えよ」

というものでした。送られてきた木を前に、困った国王は大臣へ、

「いったいどうしたらよいものか」

とおたずねになりました。大臣は帰宅すると、さっそく地下の母のもとへ行き、事情を話しました。母が言うには、

「それはたやすいことです。問題の木を水に浮かべてみて、沈み方が大きい方が根元です」

そこで、大臣は王宮へ戻り、そのことを木に書きつけて、隣国へ送り返しました。

某国は、老母の智慧で救われたのでした。こうして大臣は、国王からおおいに褒められたのですが、根が正直者ですから、いつまでも老母のことを黙っているわけにはいかなくなりました。そこで、いまがいい機会だと、自分が老母を自宅にかくまっていること、今回の難題は自分ではなく母が解いてくれたことを涙ながらに申し上げました。すると、これを聞いた国王は、

「老人を尊ぶべきであることが、今回の一件で身にしみた。老人を他国へ流す決まりは、いまより後は廃止する。すでに他国へ追いやられた老人たちをすぐさま呼び戻すべし」

とのおふれをお出しになりました。以後、某国は平和に治まり、人々は幸せに暮らしたそうです。

おうち——楝

✣「梅檀《せんだん》」の古名です。ちなみに「せんだん」とは「千団（千の珠）」の意味とされます。実の核で、数珠《じゅず》を作ります。

✣薄紫の美しい花を咲かせるので、開花時期には遠くからでもよく目立ちます。

✣大きいものは三十メートルくらいの高さになることがあります。

【口上】巨樹は見ているだけで頼もしく、自然の神秘を感じますが、なにごとも「過ぎたるはなお及ばざるがごとし」。

雄大な樹木も、大きすぎますと、それはそれで困ったことが起きます。

このはなしのなかの巨樹も、途方もない高さと太さゆえに、おおぜいの人の頭痛の種になったようです。

◎**大きな大きな楝の樹のはなし——「筑後国風土記」逸文**

むかし、筑後国三毛郡《みけのこおり》役所の南側に、大きな大きな楝の樹がそびえていました。その樹の高さは、九百七十丈（約二八八〇メートル）もありました。この樹が朝日に照らされますと、その影は肥前国藤津郡《ふじつ》の多良《たら》の峰を覆ってしまいました。

また、夕日に照らされた影は、肥後国山鹿郡《やまか》の荒爪《あらつめ》の山を覆ってしまいました。

これによって、御木《みき》の国というようになったのでした。

そして、後の時代にこれが訛《なま》って、「三毛《みけ》」と呼ばれるようになったのです。そこでいまは、「三毛」を郡の名前にしています。

えんじゅ――槐

✣「えんじゅ」の音が「延寿《えんじゅ》」に通じることから、寿命を延ばす木として尊ぶ地域もあります。

✣木質は硬いので、工具の柄などに使われます。

✣排気ガスなどに強いとされ、日本でも街路樹としてさかんに植えられてきました。

【口上】前世のことをおぼえていると明言する人が時々、います。前世の自分といまの自分とは、生きた時代も、生まれた国も、性別も、家族関係も、過ごした生

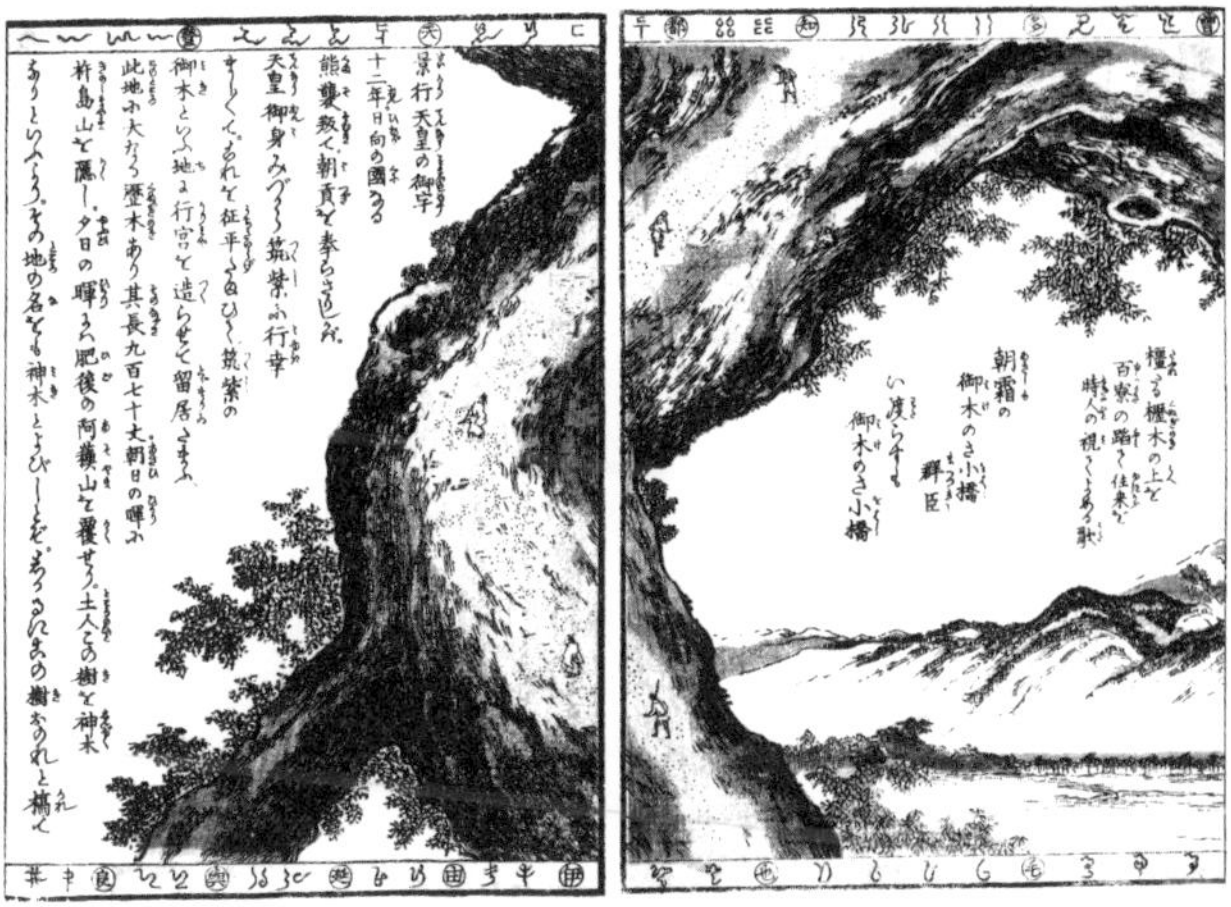

「日本国開闢由来記」より
古代の巨木（ただしここではクヌギ）

涯の運勢もまったくちがうらしいです。それが本当なのかどうかは別にして、いまの人生とまったく異なる生き方を想像してみるのは、楽しいですよね。

◎前世を記憶している男のはなし――「今昔物語集」巻第七第二十六

むかしむかし、中国でのはなし。ある日、某県の長官が、部下を連れて村々を見まわっていましたが、ある村へ足を踏み入れた途端、急に驚いて喜びはじめたかと思うと、こう語り出しました。

「いまこそ思い出したぞ。わしは前世ではこの村に女として生まれ、ある男の妻となって暮らしていたのだ。その家までよく覚えておる」

長官はさっそく部下の一人を馬でその家までさしむけ、その家の主人にほどなく自分が訪れることを伝えさせました。

しばらくして、長官がその家にたどり着きますと、主の老人が出迎えてくれました。

長官はなかへ入るやいなや、

「壁の上の方に、盛り上がったところがあるはずだ。わしはむかし、そこへ日ごろ唱えていた法華経と愛用の金のかんざしを塗りこめておいたのだ。法華経の第七巻の最後の一枚は、なにかの火で焼けて文字が読めなかった。だから、いまでも、他の文章はみんなそらんじているのに、その部分だけがどうしても思い出せないのだ」

と語りました。そして、部下に命じて、壁の盛り上がった箇所を掘りくずしてみますと、そのことば通り、法華経とかんざしが出てきました。経典の焼けている部分も、長官の覚えていた通りでした。不思議がる老人に、長官は自分の前世を語りました。

「よいか、信じられぬかもしれないが、前世ではわしはお前の妻だったのだ。お産が元で死んでしまったが……」

驚いた老人は言いました。

「おっしゃる通り、私の妻はお産で亡くなりました。とすれば、あなたさまは前世ではまちがいなく私の妻でいらしたのでしょう。

ところで、そうだとしますと、ひとつおうかがいしたいことがございます。私の妻は、亡くなる直前、自分で髪を切りました。ところが、その髪をどこかへしまいこみ、その場所を私に明かさずに息をひきとりました。それがどこであったのか、お教えください」

たずねられた長官は、

「ああ、それなら……」

と庭の槐の樹を指さし、

「髪はあの樹の梢の穴へ入れておいた。いまもあるかどうか、確かめてみよう」

と言って、部下を樹に登らせました。部下が穴のなかを探ってみますと、たしかに髪が出てきました。老人は、長官が前世で自分の妻であったことにますます確信をもち、おいおいと泣きました。それから、二人は、しみじみとむかしのことを語りあいました。

その後、長官は、さまざまな金品を老人に与えて、村を去って行ったといいます。

むく——椋

✣大木になることが多く、寺社の境内で巨樹を見かけることがよくあります。

✣葉の表面がザラザラしているので、木材を磨いたりするのによく使われてきました。

✣熟した黒い果実は甘くて美味しく、むかしの子どもはよく食べたものでした。

【口上】むかしから、「弘法は筆を選ばず」とは言うものの、ものごとをなすとき、使う道具の質はやはり重要でしょう。音楽を奏でる際にも、銘器で弾くのが望ま

「想山著聞奇集」より
伊勢松阪で椋の巨木が
自然に起きた不思議

しいのではないでしょうか。楽器が優れていたら、ひょっとすると演奏者の実力の欠如までおぎなってくれるかもしれません。このはなしのなかの琵琶ほどの銘器になりますと、まるで個性を有した人間のようです。

◎空を飛ぶ琵琶のはなし――「十訓抄」下十ノ七十

琵琶の銘器「玄象《げんじょう》」は、もともとは唐の琵琶の名手、劉二郎《りゅうじろう》のものでした。仁明《にんみょう》天皇の御代《みよ》、藤原貞敏《さだとし》が渡海した際には、この玄象を使って琵琶を習ったと言われています。人によっては、

「これは、藤原玄上《はるかみ》の持ちものだった。だから、持ち主の名前を付けて、玄上と書くのだ」

と言うけれども、おそらくそうではなく、やはり唐人の琵琶だったのではないでしょうか。

なお、

「撥面《ばちめん》に玄《くろ》い象が描かれているので、玄象と名づけられた」

と言う人もいます。

この玄象は、以前から神秘的な楽器として知られています。内裏が火事に見舞われた折にも、だれかが運び出したわけでもないのに、火を避けてひとりでに外へと飛び出し、大庭《おおにわ》の椋の木の梢に掛かっていたそうです。

「今昔物語集」より
鬼に奪われた玄象

つき――槻

✣欅《けやき》の古名です。

✣樹勢が盛んで、しばしば巨樹になります。天然記念物に指定された例が全国に数多くあります。

✣この木を削って作った「槻弓《つきゆみ》」は、日本の古典文学作品にたびたび登場します。

【口上】仏道修行への思いの深さは、それを邪魔しようと者があらわれたときに試されるものです。それらの者たちによる妨害、いやがらせ、誘惑などをはねのけて、なおも心おだやかに、一心に、仏道を信仰しづづけることが出来るかどうか。

このはなしの僧の場合は、どうだったのでしょうか。

◎槻に登った尼のはなし――「今昔物語集」巻第二十第五

京都・仁和寺の境内の東南角に、円堂という堂舎が建っていました。ある夜、仁和寺の高僧、成典《じょうでん》僧正がこの堂にこもって、修法をとりおこなっていますと、堂の戸のすきまから、帽子を

かぶった尼がこちらを覗《のぞ》きました。僧正が、

「こんな夜ふけに、いったい何者であろうか」

といぶかしがるうち、尼はなかへすっと入ってきて、僧正のかたわらにあった三衣箱《さむえのはこ》(三種の袈裟《けさ》を入れる箱)を奪って、逃げ去って行きました。僧正があとを追いますと、尼は堂の後ろの戸から外へ出て、そこにそびえていた槻の木の上へあっという間に登って行きました。そこで、僧正は梢を見上げて、加持祈祷をはじめました。すると、尼はにわかに苦しみもだえ、梢から地面へ転落しました。僧正は駆け寄って箱を奪い返そうとしましたが、尼もこれを手放さず、しばらくの間、引っ張りあいがつづきました。が、そのうちに箱が裂け、尼はちぎれた片端を握りしめたまま、姿をくらしました。このはなしの槻の木は、いまでもあります。人々は、例の尼を「尼天狗」と呼んで恐れたといいます。

やなぎ——柳

✣「ヤナギ」と聞いて私たちがすぐに連想する、枝が長く垂れたおなじみの植物は、シダレヤナギです。ネコヤナギという種は枝は下垂《かすい》しません。

✣シダレヤナギには雄株と雌株があり、一般に、枝を長く垂らすのは雄株です。雌株はそれほどでもありません。

✣水に近いところでよく生長しますので、池や堀のほとり、井戸の近くなどによく植えられます。これらの場所は、幽霊が出やすいと言われる場所と一致しているわけです。そのせいか、「柳の下に幽霊が出た」という怪談は全国各地で聞かれます。

【口上】動物には予知能力があるといわれますが、本当でしょうか。大地震の前にたくさんのねずみが大移動したり、山火事が起こる前日に鳥たちがよその土地へ飛び立ったり……というたぐいの目撃談は、よく耳にします。

このはなしの烏《からす》も、どうやらそうした能力を発揮したようです。

◎引っ越した烏のはなし――「古今著聞集」巻第十九

源時賢《みなもとのときかた》の屋敷の庭には、柳の木が三本植わっていました。そのうち、北西の隅《すみ》の柳には、烏が巣を作っていました。

ところが、ある日、烏が突然、巣を、向かいに生えている桃の木へ移したのです。人々は、

「画図百鬼夜行」より
幽霊

159　やなぎ

「妙なこともあるものだ」

と首をかしげていました。さて、その数日後。関白、近衛家実《このえいえざね》から、時賢邸へ、「柳の木を献上せよ」

とのお達しがありました。あいにく時賢は不在でしたので、使者が外出先まで出向いてお伺いを立てたところ、

「三本のうち、どれでもお好きなものを掘ってお持ち帰りくだされ」

とのことでしたので、使者は時賢邸へ立ち戻り、お目当ての一本と予備の一本、合計二本の柳を掘り取って、帰って行きました。よく考えてみれば、そのお目当ての一本とは、数日前まで烏の巣があった柳でした。烏は、こうなることを予知していたのにちがいありません。さて、使者が持ち帰った柳は、さっそく関白邸の庭へ植えられたのですが、ほどなく二本とも枯れてしまいました。それと申しあわせたように、時賢邸に残された一本も枯死しました。まことに奇妙なことでありました。

くわ——桑

✣養蚕に欠かせぬ植物として、古くから広い地域で栽培されてきました。

✣蚕との関係で葉ばかりが注目されがちですが、実も甘酸っぱくて好む人が多く、果実酒にする地方もあります。

✣木質部分はむかしから弦楽器の材として珍重され、琵琶や三味線にも、クワ製のものがあります。

【口上】蚕《かいこ》は桑を食べて大きくなります。良い桑がなければ、良い蚕は育ちません。

美しい糸をたくさん吐いてくれる蚕が手に入ったらしめたものなのですが、油断はなりません。その蚕が病気で死んでしまうかもしれないし、思わぬ事故に巻きこまれる可能性もあります。

このはなしのなかの蚕には、どんなことが起こったのでしょうか。

◎蚕《かいこ》に救われた女のはなし――「今昔物語集」巻第二十六第十一

むかし、三河国の某郡にひとりの郡司が住んでいました。郡司は、本妻と愛人のふたりに蚕を飼わせて、糸をたくさん作らせていました。ところが、どうしたわけか、本妻の飼っていた蚕がある日突然、一匹残らず死に絶えてしまって、糸づくりができなくなりました。すると郡司は本妻に対して急に冷たくなり、家に寄りつかなくなりました。

主人である郡司が家に寄りつかなくなれば、それにつき従う下人・下女たちも家には来なくなります。訪ねてくる者もなくなります。こうして、本妻は、残ったわずか二人の使用人とともに、ひっそりと暮らさざるをえなくなりました。家はたちまち貧しくなり、本妻は悲しさと心細さで、毎日泣いてばかりいました。そんなある日。ながらく足を踏み入れていなかった蚕部屋へ入り、ふと見ますと、全部死んでしまったと思っていたのに、蚕がたった一匹だけ生き残っていました。本妻はおおいに喜び、この蚕にせっせと桑の葉をやって大切に世話をしました。

すると、その甲斐あってか、蚕はぐんぐん大きく育ちました。本妻は蚕の順調な生長ぶりに、目を細めていました。

ところが……。ある時、この家の白犬が、大事な蚕をぱくりと食べてしまったのでした。一瞬の出来事でした。本妻は身もだえしてくやしがりましたが、なにせ畜生の身の犬がしでかしたことです。それに、いくら大切に育てていたとはいえ、蚕一匹を飲みこんだからといって、腹いせに犬を打ち殺すわけにもいきません。

「今昔物語集」より
蚕に救われた女のはなし

なにごともなかったように澄ました顔で座る犬の顔を見ながら、本妻が、

「蚕一匹満足に育てられないほど不運だなんて……。私はよほど前世のおこないが悪かったのにちがいないわ」

と泣きじゃくっていますと、犬が突然、くしゃみをしました。すると、犬の鼻のふたつの穴から、糸がひと筋ずつ、一寸ばかり飛び出てきました。不思議に思って、おそるおそる糸の端をつかんで引っぱってみますと、二筋ともするすると出てきますので、糸枠にくりつけて巻き取ってみました。巻いても巻いても、延々と出てきます。

本妻は、糸枠を次々にすげ替えて、憑りつかれたように巻き続けました。糸枠の数は、ゆうに二、三百を超えたでしょう。これですときりがなさそうなので、糸枠ではなく、竹の棹《さお》に繰りかけていきました。しかし、それでも糸は出続けます。そこで今度は桶に巻いていきました。こうして巻きに巻き、四、五千両ほどになったところで、ようやく糸の端に達しました。と、その途端、犬はぱったり倒れて死んでしまいました。本妻は、

「神仏が白犬を使って、私を助けてくださったのだ」

と手を合わせて感謝し、犬の遺骸は、裏の畑に生える桑の木の根元へ埋めてやりました。

さて、こうして大量の糸を巻き取ったのはよいものの、細く精製しようにもあまりにも量が

多く、本妻は持て余して途方に暮れていました。そんな折も折、郡司が用足しの途中に、本妻の門前を通りかかりました。外からようすを伺いますと、家はしんと静まり返っています。

「そういえば、ここへもながらく来ていなかったな。あいつは達者なのか」

とさすがに本妻のことが気にかかり、家のなかに入ってみますと、本妻が大量の糸に囲まれて、独り呆然としていました。愛人宅で作っている糸は、色が黒く、途中にたくさんの節があって見るからに粗悪ですのに、本妻の家の糸は、雪のように白く、光沢があって、ひと目で良質な品だとわかりました。

驚いた郡司に、本妻がこれまでの事情を話しますと、郡司は、

「神仏のご加護を受けるような尊い女を、俺はいままでないがしろにしていたのだ」

と心底、後悔し、そのまま本妻の家に留まり、愛人宅へは足を向けなくなりました。ところで、白犬を根元に埋めた桑の木には、たくさんの蚕がびっしりとまゆを作りました。そのまゆから取れる糸は、これまた素晴らしいものでした。郡司からはなしを聞いた国司のはからいで、この糸は朝廷へ献上されることになりました。「犬頭《いぬのかしら》」という銘で呼ばれています。なんでも、帝のお召し物を作るのにも使われているのだそうです。この糸の製造は、郡司の子孫が代々受け継いでいます。

こうぞ――楮

✣美濃紙などの和紙の原料とされます。

✣皮の繊維をとって布に織ったものは、「木布《ゆう》」または「木綿《ゆう》（もめんと読まない）」といいます。木綿《もめん》が普及するまでは、麻などと並んで、楮も布の材料として重宝がられました。

✣実は食べられなくもありませんが、自家消費が中心で、商品価値はほとんどありません。

【口上】万物の霊長といわれる人間でも、仏法に見向きもしない者が少なくないというのに、動物の身で、深く仏教に帰依するものもいます。日本の古典文学には、そうした例がたくさん出てきます。あなたのおうちのペットたちは、どうですか。信心深そうに見えますか。

◎けなげな猿のはなし――「古今著聞集」巻第二十

越後国の某寺にはひとりの僧が住み、日夜、法華経を唱えて修行に励んでいました。そして、僧が経を唱えはじめますと、二匹の猿が山から下りてきて、そばでじっと耳をかたむけるのが常でした。さすがに気になった僧は、猿に問うてみました。

「お前たちは、どうしていつもやって来ては、読経に耳をすませているのか。ひょっとして、写経の徳を積みたいのか」

すると、猿たちは手を合わせ、僧の足に額をつけて伏し拝みました。僧が驚いたことは申すまでもありませんでした。

さて、それから五、六日経ったころ。

突如、数百匹の猿たちが寺へ集まりました。一匹残らず、背中には楮の皮を背負ってきており、僧の姿を見つけるや、楮をずらりとならべ置きました。僧はさっそくこれを取り集めて職人に紙を漉《す》かせ、できあがった料紙を使って法華経の写経にとりかかりました。その間、例の二匹の猿たちが、山からいろいろな木の実を運んで来ては、僧に食べさせました。そうこうするうちに、写経は第五巻にさしかかりました。

ところが、ある時から、あれほど頻繁に来ていた猿たちが、姿をあらわさなくなりました。心配になった僧が、山中を探してみたところ、深そうな穴のそばに山芋がうず高く積まれているのを見つけました。不審に思って近づき、穴を覗きこんでみますと、底では二匹の猿たちが頭を突っこむようにして死んでいました。おそらく、山芋を掘り取ろうとしてあまりにも深く掘り過ぎ、穴へ落ちこんで上がれずに死んでしまったのでしょう。僧は哀れみ、遺骸をきちんと埋葬して読経し、寺へと戻りました。そして、写経をとりやめ、書いたところまでの経を柱にあけた穴のなかへ納めたのでした。

さて、それから四十数年後。

貴族の某が、国守としてこの地へ赴任してきました。

某はまっさきに某寺を訪れ、応対に出た住僧に、

「もしやこの寺には、書き終えぬままの法華経がございますか」

とたずねました。じつは、すでに八十歳をこえていたこの僧こそ、むかし、写経に勤しんだ本人だったのでした。国守に経のことを教えてやりますと、国守が感涙にむせびながら言うには、

「何十年もむかし、あなたが供養してくださった猿は、前世の私なのです。法華経の功徳で、こうして人間の身に生まれ変わることができました。この国に国守としてやってきたのは、写経の宿願を果たすためなのです」

これを聞いた老僧は、柱のなかから経を取り出し、精進して写経の続きにとりかかり、ついに完成させました。また国守は、これとは別に三千部を書写したといいます。

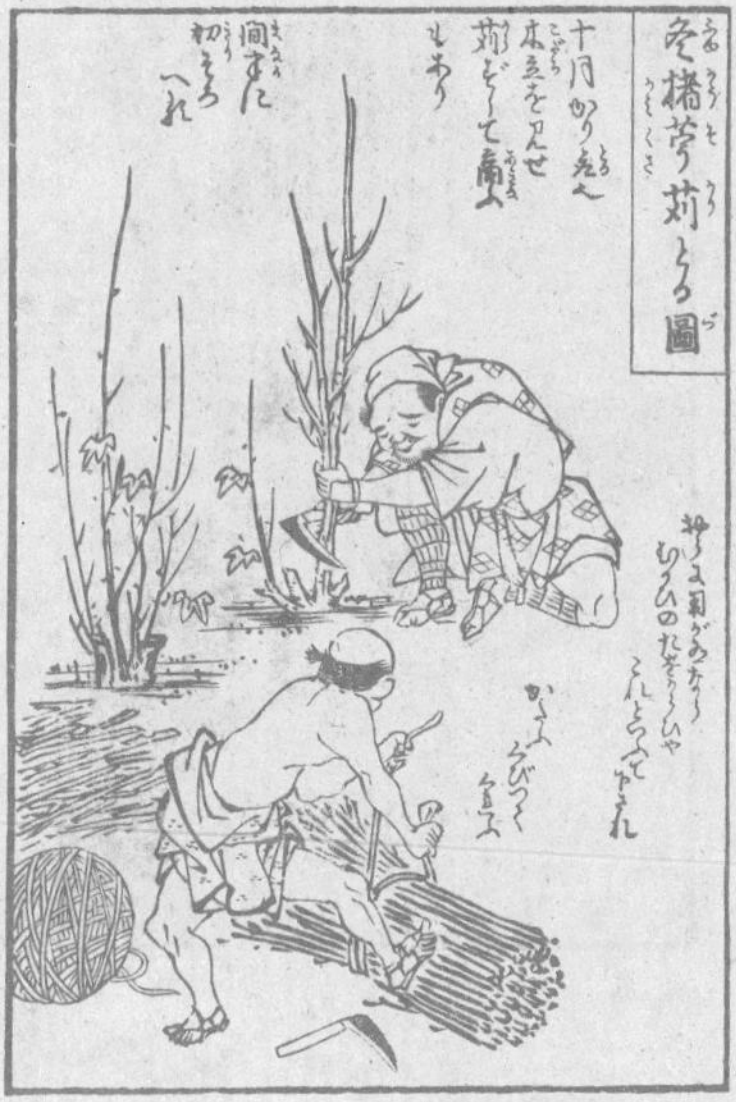

「紙漉重宝記」より
冬、楮を苅る図

岩崎灌園「本草図譜」より
楠

出典一覧（書名の五十音順）

「宇治拾遺物語《うじしゅういものがたり》」説話集。編者未詳。十三世紀半頃の成立か。

「古今著聞集《ここんちょもんじゅう》」説話集。橘成季《たちばななりすえ》編。建長六年（1254）成立。

「古事記《こじき》」歴史書。太安万侶《おおのやすまろ》撰録。和銅五年（712）完成。

「今昔物語集《こんじゃくものがたりしゅう》」説話集。作者未詳。平安時代末期の成立か。

「十訓抄《じっきんしょう》」説話集。著者未詳。建長四年（1252）成立。

「沙石集《しゃせきしゅう》」説話集。無住《むじゅう》著。十巻。弘安六年（1283）脱稿。

「筑後国風土記《ちくごのくにふどき》」地誌。編纂者未詳。奈良時代初期の編纂。逸文が残るのみ。

「日本霊異記《にほんりょういき》」仏教説話集。景戒《けいかい》著。弘仁年間（810−824）成立。

「備後国風土記《びんごのくにふどき》」地誌。編纂者未詳。奈良時代初期の編纂。逸文が残るのみ。

以上

「画図百鬼夜行」より
木魅

あとがき

この本には、草や花や木にまつわる、不思議なはなし、奇妙なはなし、こっけいなはなしを、たくさん集めました。

読み終わったあと、野山へ出かけることがありましたら、この本に出てきた植物たちの実物をさがしてみてください。

自然のなかでの実際のすがたと、この本で紹介した言い伝えやむかしばなし。そうした両面を知ることで、植物たちの魅力をなおいっそう深く味わっていただけるのではないかと思います。

最後までお読みいただき、ありがとうございました。

上方文化評論家　福井栄一

著者紹介

福井栄一［ふくい・えいいち］

上方文化評論家。一九六六年、大阪府吹田市生まれ。京都大学法学部卒。京都大学大学院法学研究科修了。法学修士。四條畷学園大学看護学部客員教授、京都ノートルダム女子大学国際言語文化学部非常勤講師、関西大学社会学部非常勤講師。朝日関西スクエア・大阪京大クラブ会員。上方の芸能や歴史文化に関する講演、評論、テレビ・ラジオ出演など多数。剣道二段。著作に、『十二支妖異譚』『解體珍書』『蟲虫双紙』『幻談水族巻』『十二支外伝』（工作舎）、『名作古典にでてくるさかなの不思議なむかしばなし』（汐文社）、『現代語訳 近江の説話』（サンライズ出版）、『説話と奇談でめぐる奈良』（朱鷺書房）、『大山鳴動してネズミ100匹』をはじめとする十二支シリーズ（技報堂出版）、『説話をつれて京都古典漫歩』（京都書房）、『増補版 上方学』（朝日新聞出版）、『おはなしで身につく四字熟語』（毎日新聞社）、『子どもが夢中になる「ことわざ」のお話100』（PHP研究所）、『古典とあそぼう』シリーズ（子どもの未来社）、『しんとく丸の栄光と悲惨』（批評社）、『おもしろ日本古典ばなし115』（子どもの未来社）、『にんげん百物語 誰も知らない からだの不思議』（技報堂出版）、『小野小町は舞う 古典文学・芸能に遊ぶ妖蝶』（東方出版）、『鬼・雷神・陰陽師 古典芸能でよみとく闇の世界』（PHP研究所）等がある。著作は本作で四十二冊にのぼる。

http://www7a.biglobe.ne.jp/~getsuei99

本草《ほんぞう》奇《き》説《せつ》

発行日――二〇二三年四月二〇日発行
著者（編・現代語訳）――福井栄一
編集――米澤敬
エディトリアル・デザイン――佐藤ちひろ
印刷・製本――シナノ印刷株式会社
発行者――岡田澄江
発行――工作舎 editorial corporation for human becoming
〒169-0072 東京都新宿区大久保2-4-12 新宿ラムダックスビル12F
phone：03-5155-8940 fax：03-5155-8941
URL：www.kousakusha.co.jp
e-mail：saturn@kousakusha.co.jp
ISBN978-4-87502-554-2

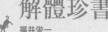

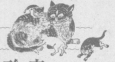